ドローン・ウォーズ

〝やつら〟は静かにやってくる

船瀬俊介

イースト・プレス

まえがき

「無人暗殺機《ドローン・プレデター》」が静かに街を襲う

紺色の空高く、銀色に小さく光る点……。

それが、急速に大きくなる。銀翼の奇怪な機体。飛行音はほとんど聞こえない。

一気に降下してミサイルを連射。炎の黄色い弾道を残して、地上の群衆近くで爆発。爆煙が上がる。人々は、叫び声をあげて逃げ惑う。血まみれで倒れる。砂煙と悲鳴。街路《がいろ》は一時、騒然となる。

そして、静寂——。

銀色の細長い異様な機体は、何ごともなかったかのように、ゆっくり高度を上げ、天の果てに消えていく。

地上には、おびただしい数の死体。人々の呻《うめ》き声。煙をあげて燻《くすぶ》る民家。

そこはただ、不気味な静けさが支配している。

これは、ＳＦ映画の一場面ではない。

いまも、地球上のどこかで実際に起きている血の惨劇である。

高空から飛来し、地上の人々を襲ったのは無人攻撃機「プレデター」だ。

別名、〝戦慄《せんりつ》の暗殺ドローン〟……。

ドローンとは、無人飛行機をはじめとした「無人兵器」の総称だ。

われわれには、戦争といえば歩兵が銃を撃ち合い、空には戦闘機が舞う、というイメージがある。しかし、昨今の戦争は、まったく様変わりしている。

この無人攻撃機は、一九九五年ごろより中東や東欧の戦闘地域に実戦配備されている。「プレデター」（Ｐｒｅｄａｔｏｒ）とは〝捕食動物〟という意味だ。まさに、獲物を狙う猛禽《もうきん》のごとく、高空から音もなく忍び寄り、襲いかかってくる。無人機にもかかわらず、高性能の攻撃能力を装備している。

機首部分が異様にふくらんでいる。そこには、可視光・赤外線カメラ、レーザー照準機などが搭載されている。胴体後方にあるプロペラの回転を絞れば、ほとんど無音で〝獲物〟に忍び寄ることもできる。

操縦席はどこにあるのか？

〝捕食動物〟は、超遠距離からの遠隔操作が可能だ。地球の裏側にいても操縦できる。

結論をいえば、操縦席は米国にある。具体的には、**ＣＩＡ本部のオペレーション・ルームが〝操縦室〟となる。**

そして、地上の〝テロリスト〟を目視すると、搭載ミサイルの照準を合わせて攻撃する。〝パイロット〟は、巨大モニターに映し出される映像を見ながら操縦する。

モニター画面に爆煙が上がり、何人もの身体が粉々に吹き飛ぶ。

これで、任務完了。ビルの外に出れば、そこは大都会の雑踏だ。

カフェで友人とハンバーガーを食べて談笑したあと、地下鉄で帰宅。「パパ、お帰り！」と小さな息子が抱っこをせがむ。抱き締めて頬ずりする。息子がかわいい声で聞く。

「お仕事、どうだった？」

「うん、順調さ……」

「フーン、やったね！」

罪なき民間人を一瞬で爆殺

いまや米国が関与している戦地では、二四時間、昼夜を分かたずドローンが空中高く待機している。そして、〝不審な〟者を発見すると、カメラで捕捉してミサイル攻撃する。

モニター画面で目視したターゲットが、テロリストだという保証はどこにもない。それでも怪しいと思えば、ミサイル発射ボタンを押す。当然、民間人への誤爆は避けられない。

悲劇は続発している。国連の調査によれば、二〇〇四年以降、パキスタンだけで少なくとも四〇〇〇人以上の民間人が、無人機ドローンの攻撃で虐殺されている。

「母は、子どもたちと畑に出て野菜を収穫していました。その時突然アメリカの無人機が攻撃してきて、母の体は吹き飛びました」（「クローズアップ現代」二〇一三年九月二六日放送）

二〇一二年、米軍のドローンによる〝誤爆〟で母親を失った、パキスタンのラフィーク・ウル・レフマンさんは、怒りの証言をする。

「女性や子どもがテロに関わっているわけがないじゃないか。アメリカのやっていることは、ただの冷酷な殺人行為です。こんなひどいこと、許せません」（同番組）

これら無人機の〝誤爆〟による民間人の大量虐殺こそ、米国による国家テロそのものだ。無実の肉親を惨殺された家族が、絶望とともに復讐の自爆テロに走ってもなんら不思議はない。

つまり、**ドローン・ウォーズがテロを拡大再生産している**のだ。

米国は、殺される側の感情をまったく無視して〝テロとの戦争〟の大義を掲げる。傲慢《ごうまん》、欺《ぎ》瞞《まん》、かつ滑稽《こっけい》というほかかない。

「パキスタン人とイエメン人は、無人機攻撃は、国家主権の侵害だとして反発した。目に見えない飛行機からいつ何時ミサイルが飛んできて殺されないとも限らない、という思いが、明らかにパキスタンとイエメンの人々を不安に陥れていた。無人機攻撃に対する怒りこそ、テロリストを増殖させる元凶だと、主張する人もいた」（リチャード・ウィッテル『無人暗殺機ドローンの誕生』文藝春秋）

しかしバラク・オバマ大統領（当時）は、二〇一六年五月、ドローンの使用条件の厳格化を確約しながらも、〝対テロ戦争〟におけるドローンの必要性を支持する姿勢を崩していない。

映画『ターミネーター』が現実になる？

本書『ドローン・ウォーズ』の副題に注目してほしい。

――〝やつら〟は静かにやってくる。

ここでいう〝やつら〟とは、「プレデター」だけではない。

たとえば、〝鳥型ドローン〟や、なんと〝蚊型ドローン〟まで開発されている。

前者は、見た目はハチドリそっくり。空をはばたきながら、ターゲットの動向を監視する。

後者は、まさに蚊と同じ大きさで、室内に侵入しても誰も気づかない。部屋のすみで超小型カメラで監視することも可能だ。それどころか、ターゲットの皮膚に止まって血液やDNAを採取することも可能になるという。

あるいは、ロボット犬「アルファ・ドッグ」という〝軍用犬〟も開発されている。その動きを映像で見ると、本物の犬そっくりだ。それがさらに巨大化したものが、〝ロボット軍馬〟だ。荒れ地などで武器や食糧を輸送するのに役立つという。

犬や馬で驚いてはいけない。二〇一三年、巨大IT企業グーグルが、ロボット産業に参入したことが報じられた。そこで開発されているのが、〝ロボット・ソルジャー〟だ。

まだ「開発段階」と断っているが、走る姿など、その動きは人間とまったく同じ。軍服を着せて、ヘルメットをかぶせたら、人間の兵士と見分けがつかない。

このロボット・ソルジャーに、人工知能（AI）が搭載される。

いまや人工知能は、チェスや将棋、囲碁の世界チャンピオンを破るほどに進化している。おそらくロボット・ソルジャーは、**みずから〝敵〟を判断し、ターゲットを即座に射殺するようになる**だろう。そしてその頭脳は、みずから学習し、進化していく。専門家は「人工知能が自我を持つのも時間の問題」という。

ここまで読んで、傑作SF映画『2001年宇宙の旅』（一九六八年）を想起する方も多いだろう。木星探査宇宙船のコンピュータが人間に反乱を起こし、宇宙飛行士を殺害するストーリーだ。あるいは映画『ターミネーター』（一九八四年）を想起した方もいるだろう。やはり、人類に対する機械の反乱がモチーフだ。

米国防総省（ペンタゴン）は、真剣に人工知能と人間との戦争勃発を恐れている。ペンタゴン高官のポール・J・セルヴァ大将が、はっきりこう述べているのだ。

「ペンタゴンは、そのような疑問（〝ターミネーター〟の攻撃がありうるかどうか）に答えるために調査をしている」

あらゆる戦争は仕組まれている

軍事開発の進展と脅威は、それだけではない。

人間の精神を支配する「心理兵器《サイ・ウェポン》」の開発・研究もひそかに進められている。

それは、洗脳、扇動、暴動などを自在に引き起こすことができる。人類の精神を自在に操《あやつ》れるということは、**人類を完全奴隷化できる**ということだ。

まさに〝見えざる〟人類支配兵器なのだ。

同様に〝宣戦布告なき戦争〟もひそかに進行している。

つまり、究極兵器「ＨＡＡＲＰ《ハープ》」（高周波活性オーロラ調査プログラム）などによる無差別攻撃だ。人工地震、気象災害などを起こし、大量破壊と殺戮《さつりく》を行なう。

さらに、空から毒物、ウィルスなどを撒《ま》く〝有毒飛行機雲〟ケムトレイル。そのほか、人工ウィルスやワクチンを偽装した生物兵器《バイオ・ウェポン》が、いまもわれわれに忍び寄っている。

これら無差別攻撃について、マスメディアは一切触れない。いや、触れることができない。理由は、地球を支配する〝闇の支配者〟たちが、それを許さないからだ。

その正体をここで明らかにする。

秘密結社フリーメイソンを母体とする秘密組織、イルミナティだ。

さらにたどれば、〝一三支族〟と呼ばれる支配層に帰着する。

中でも二大勢力として権勢を振るってきたのが、ロスチャイルド、ロックフェラーの二大財閥である。

〝かれら〟は、「地球人口を七〇億人から一〇億人に削減する」と公言している。

人口削減のために、〝宣戦布告なき戦争〟が今日も仕掛けられているのだ。

それは、他方では利益収奪となる。

意外に思われるかもしれないが、医療は〝見えざる殺戮〟の典型だ。全世界で一〇〇〇兆円と推測される巨大利権である一方、人類の二人に一人を〝殺している〟。

「医療」は、〝人殺し〟と〝金儲《もう》け〟の一挙両得ビジネスなのだ。

「戦争」もまた、〝人殺し〟と〝金儲け〟の一網打尽ビジネスである。

この戦慄事実を知らない人があまりに多すぎる。

一九世紀から二〇世紀は、まさに戦争の世紀だった。

なぜか……?

近代世界を闇から支配してきた勢力が、戦争をひそかに仕掛けてきたからだ。

戦争は、偶発的に起きるものではない。綿密に練られた謀略によって起こされる。

その事実を、本書で明らかにする。

いまこそ〝シープル〟から目覚めよ

地球を支配してきた〝かれら〟は、心底、第三次世界大戦を欲している。

軍事と金融、二重で巨利を得ることができるからだ。

そして、邪魔な余剰人口をも削減できる。まさに、願ったりかなったりだ。

そこで、戦場に駆り出されるのがドローン兵器だ。アフガニスタンや中東への無人攻撃機の出陣は、まさに〝ドローン・ウォーズ〟の先がけだ。さらに近い将来、鳥型ドローンから、蚊型ドローン、昆虫型ドローン、無数のロボット・ソルジャーまで投入されてくるはずだ。

なぜなら、新型兵器は必ず〝実験場〟を求めるからだ。

ヒロシマ、ナガサキの原爆投下を忘れてはならない。開発された新型兵器は、必ず実戦で〝実験〟が行なわれる。

ベトナム戦争が、ナパーム弾をはじめとした新型兵器の実験場だったように、近未来にはドローン兵器の実験場であるドローン・ウォーズが仕掛けられるに違いない。

そしてドローン兵器は、情け容赦なく人類を殺戮しまくる。

「プレデター」の犠牲者たちが、その惨劇を証明している。

私たちは〝ドローン・ウォーズ〟を、絶対に阻止しなければならない——。

〝闇の支配者〟たちは、人類のことを「ピープル」ならぬ「シープル」と呼んでいる。

それは、羊《シープ》のように従順で愚かな〝家畜〟という意味だ。

あなたはまず、その屈辱に目覚めるべきだ。

そして、覚醒した一個の人間《ヒューマン》として思考し、行動し、生き抜いてほしい。

そのためには、まず〝敵〟を知ることだ。

本書では、その〝敵〟であるドローン軍団の実態をできうるかぎり精査した。

〝ターミネーター〟の反乱を許さぬためにも、市民の徹底した監視と管理が必要だ。

とくに、未来を担う若い人たちに、本書の一読をすすめたい。

〝やつら〟が、あなたに向かって攻撃して来るさまを想像してほしい。

ドローン・ウォーズの兆《きざ》しは、もう世界各地に現れている。

二〇一七年四月六日には、米国がシリアを空爆し、世界に衝撃が走った。

米軍の巨大空母による北朝鮮への威嚇《いかく》は、一触即発の危機をさらに加速している。

すでに在日米軍基地には、攻撃型ドローン「リーパー」（死神）などが実戦配備されている。

戦争の惨禍《さんか》は、もはや、他人ごとではない。

その先には、想像を絶する惨劇が待ちかまえているだろう。

その予兆に対して、一人ひとりが感知し、発言し、行動すべきだ。

もう、胸を切り裂く悲劇は、くり返さないでほしい……。

ドローン・ウォーズ　目次

第2章　米国と北朝鮮の〝ドローン・ウォーズ〟は起こるか？

第3章　〝かれら〟と軍産複合体が仕掛ける「戦争ビジネス」

第4章　蚊ドローン、アンドロイド兵士――暴走する兵器開発

第5章 レールガン、神の杖——まだある恐怖の最新兵器

第6章 敵を思うまま操る「心理兵器」と戦慄の人体実験

第7章 こうして世界は戦争へと〝猛進させられる〟！

第8章 二〇四五年、人工知能の「反乱」が人類を滅ぼす？

装幀　フロッグキングスタジオ

［第1章］

すべての戦争は「闇の支配者」のシナリオ通り！

戦争を思いどおりに起こしてきた〝悪いやつら〟

戦争とは、民族・国家による殺し合い、奪い合いである。

しかし、古代から中世までの戦争と、近代以降の戦争は、根本的に違う。

前者は、国家間における略奪争いだ。早くいえば、国家による強盗殺人である。

後者も、略奪、殺人であることは同じだ。

しかしこちらには、背後に国際的な謀略が存在している。

こういうと、「ああ、陰謀論ね……」と、せせら笑う輩《やから》がいる。

私の畏敬する評論家、副島隆彦《そえじまたかひこ》氏は、こう断言している。

「私は、この『陰謀論』というコトバが大嫌いだ。呆れ返る。『陰謀論だ』と決め付けて拒否する人たちは、世界の大きな構造が見えていないのです。日本で陰謀論、『インボーロン』は、『事件の背後に別の策略があるとする、信憑性に乏しい俗説』とされます。これらの英語の元のコトバである〝Ｃｏｎｓｐｉｒａｃｙ　Ｔｈｅｏｒｙ〟（コンスピラシー・セオリー）は、『権力者共同謀議（は有る）理論』と正しく訳されなければいけません。そして、『権力者（たちによる）共同謀議』は、実際に、この世にたくさんあります。現実の世界は、権力者（支配者）たちの共同謀議に基づいて、あらかじめ彼らにとって合理的（＝利益）になるように、うまくコントロールされています」（『ザ・フナイ』二〇一七年四月号）

まったく、同感である。

だから、私もこれからは、これらバカはいっさい相手にしない。

実際に、「権力者たちによる共同謀議」の存在を如実に示す証拠がある。

そのひとつが、一八七一年に書かれた、アルバート・パイクの書簡だ。

パイクは当時、米国のフリーメイソンの頂点に君臨していた。別名、〝黒い教皇〟。写真を見ると、なかなかの面構《つらがま》えと貫禄である。

その〝教皇〟を、歴史批評家、ユースタス・マリンズ氏は「酒池肉林《しゅちにくりん》の変質者」と一刀両断で断罪する。

「合衆国の歴史上もっとも反逆的な人物の一人として挙げられるのはフリーメーソンの大立て者アルバート・パ

アルバート・パイク
（1809-1891）
弁護士、軍人

イクだ」（『カナンの呪い』成甲書房）

彼は南北戦争で、南部連合軍の将軍として従軍。その後の人生は、フリーメイソンによる世界支配のために奔走した。

彼は世界のフリーメイソン会員と連帯し、フリーメイソンの四大中央理事会を設立した。

①北米支部（ワシントンＤＣ）、②南米支部（ウルグアイ・モンテビデオ）、③欧州支部（イタリア・ナポリ）、④アジア・オセアニア支部（インド・カルカッタ）である。

こうしてパイクは、世界フリーメイソンの長（教皇）の地位にのぼりつめた。

彼は、出所不明の無尽蔵の金を自由にできた。つまり、ものすごい額の金を使いまくる人生を送った。まさに酒池肉林、金城湯池《きんじょうとうち》……。

「見苦しく太った、変質的趣味の持ち主パイクは、友人と売春婦からなる取り巻きを三台の荷馬車に分乗させ、ブランデーの樽やら、入手できるかぎりの珍味、飲食物を積み込んで山野を放浪した。そして数日間ぶっ通しで食べつづけ、野蛮な狂宴《オルギア》に明け暮れ、世間に背を向けた」（同書）

まさに、放蕩《ほうとう》無頼《ぶらい》で淫欲《いんよく》三昧《ざんまい》の人生。ただただ呆れ返るほかない。

二度の大戦はすべて〝計画〟されていた

パイクが歴史に名を残したのは、三つの世界大戦をふくむ未来の「基本計画」を練り上げて、それを書面に残したからだ。

「一八五九年から一八七一年にかけて、パイクはフリーメイソンの世界秩序のための基本計画に取り組み、三つの世界大戦を含む基本計画《プログラム》を考案した。三つの戦争とはロシア皇帝をその座から引きずり下ろして共産主義国家を設立するための第一の戦争、共産主義帝国をうち立てるための第二の戦争、キリスト教文明を未来永劫、破壊してしまうための第三の戦争である」（前出『カナンの呪い』）

彼はこの「基本計画」を、イタリア・フリーメイソンの頭目、ジュゼッペ・マッツィーニに、一八七一年八月一五日付の書簡で送っている。

ジュゼッペ・マッツィーニ
（1805-1872）
政治家

「これから起こる三つの世界大戦は、メーソンの計画の一部としてプログラミング（計画）されたものだ」（同書簡）

一見、信じがたいが、その後の世界は、まさにパイクの予言どおりに動いているのだ。

①第一次世界大戦

一九一四年六月、オーストリア＝ハンガリー帝国の皇太子夫妻がサラエボを視察中、セルビア人青年によって暗殺されたことから勃発している。

まさに、パイクの予言どおり。ところがその後の裁判で、暗殺者一味が、自分たちはフリーメイソンであることを自白。さらに、セルビア・フリーメイソンにより、この暗殺計画が練られたことも判明した。

つまりフリーメイソンが、〝教皇〟パイクの計画を実現するために暗躍していたのだ。

②第二次世界大戦

一九三九年、ヒトラーのポーランド侵攻をきっかけに勃発した。

ところが、すでにパイクは次のように〝予告〟している。

「第二の世界大戦は、ファシストと政治的シオニストの対立を利用して引き起こされる」

ここでいうシオニストとは、「パレスチナにユダヤ人国家を建設しようとする人々」を指す。パイクは、第二次大戦の終結まで、予言している。

「この戦争でファシズムは崩壊する。一方で政治的シオニズムは増強し、パレスチナにイスラエル国家が建設される」

その予告どおり、一九四三年にイタリア、一九四五年にはドイツ、日本が降伏……。そして、一九四八年、ユダヤ人の国、イスラエルが誕生する。

こうなると、まさにフリーメイソンの「基本計画」そのもの。一八七一年の「書簡」から七〇年以上も経っているのに、その正確な〝予告〟には驚嘆する。

③第三次世界大戦

パイクはこう予言している。

「第三の世界大戦は、シオニストとアラブ人との間に、イルミナティのエージェントによって引き起こされる。紛争は世界的に拡大し、大衆はキリスト教に幻滅、ルシファーに心酔するようになり、真の光を享受する」

ここでいう「ルシファー」とは、『新約聖書』に記された堕天使のこと。悪魔教徒《サタニスト》の〝神〟として祀《まつ》られている。

実際に一九四八年から一九七三年まで、イスラエルと周辺アラブ国家の間で、四度にわたって中東戦争が勃発している。そして戦闘は、いまだに継続、拡大している。

ここまで読んで、あなたは声もないはずだ。

アルバート・パイクの名前など初めて聞いた……という人がほとんどだろう。当たり前だ。彼の名は歴史学者でも、口にするのさえ絶対タブーだからだ。

史上最大の奇書「シオン議定書」とは？

もうひとつ、衝撃的な書物がある。

それが「シオン議定書」だ。

二四項目からなり、ユダヤ人による世界征服と、ユダヤ王国建設の野望を実現するための策略が克明に記されている。一九〇三年にロシアで〝発見〟され、「ユダヤ長老たちの秘密会議の議事録」として世界に衝撃を与えた。その内容は、あまりに生々しい。

「世界征服のために、国家、階級、世代、性別の対立を煽《あお》るべし」
「人々に対して、戦争、革命、暴動などの社会不安を誘発せよ」
「メディアを利用した大衆の洗脳と白痴化を徹底せよ」

……などなど。ここまで読んで、「まさにいまの日本じゃないか！」と、思ってしまう。

彼らの世界支配戦略を明らかにしたこの書物は、のちの反ユダヤ主義にもつながったいわくつきの奇書である。イルミナティを創設したアダム・ヴァイスハウプトが、ロスチャイルドの依頼を受けて作成したという説まで流布されている。

むろん彼らからは、「偽書」だとして反発されている。

しかし、その後のユダヤ・マフィアによる世界支配の策謀がありありと描かれており、とても「偽書」といえるものではない。

『新聞とユダヤ人』（ともはつよし社）の著者、武田誠吾氏は、「議定書」の内容を一読、驚嘆している。

「恐るべき人間の心理を洞察したもので、人間の弱点を

アダム・ヴァイスハウプト
（1748-1830）
哲学者

遺憾なく解剖、剔抉《てっけつ》し、人間の精神的、心理的、動物的性状から出発して、思想、政治、経済、宗教、文化、娯楽などの広範な人間生活にわたって、非ユダヤ人の国家社会を批判し、しかも単なる批判にとどまらず、その批判から生まれた非ユダヤ人の弱点を利用して、究極は、非ユダヤ人の精神、思想、歴史、伝統および非ユダヤ人国家主権と国家組織を破壊して無力化するとともに、一歩一歩とユダヤ民族の理想たる世界帝国建設に向かって針路を取るための計画と戦術を表示しているのである」

ユダヤ民族の理想たる世界帝国——それは、イルミナティが目指す「新世界秩序」（NWO、ニューワールド・オーダー）のことである。「シオン議定書」は、それを実現するための戦略本として書かれたのだ。

それを裏づける生々しい証言もある。

「ロシアの高官スパイは、シオン会議終了後、例の男が、秘密の議事録をフランクフルト・アム・マイン市へ急送する途中、ある小さな街において、宿泊した際に、前もって手配ずみの速記者数名と、その宿で待ち受けて、徹夜して、仏文で書かれていたユダヤの秘密議事録を写し取った。時間の関係上、議事全文を写し取ることができなかったので抄録にしたのである」

「このような経路をたどって、第一回シオン会議の議事録の写本は、ユダヤ人の手から非ユダヤ人に渡り、ロシア内務省に保管されるに至った」（同書要約）

当時のロシア貴族団長アレクシス・スホーティンは、この議事録の翻訳をロシア人、セルゲイ・ニルスに委任した。ニルスはその内容に驚愕し、一九〇五年、『卑小なるもののうちの偉大——政治的緊急課題としての反キリスト』という長いタイトルで発表した。

これが、「シオン議定書」出版にいたる経緯である。

「その内容を貫流する基本精神や基本思想は、ユダヤ王国以来のユダヤ民族精神の象徴そのものであって、その思想源流は、タルムード、トーラ、旧約聖書等のユダヤ聖典に発している」

「全文は、二四議定文よりなり、前半部においては、ユダヤ人は世界の非ユダヤ国家を、いかにして無力化し、破壊するかの謀略について詳述し、後半分においては、ユダヤが世界を征服した後、非ユダヤ人をいかなる方法で支配するか、すなわち、ユダヤ世界帝国の世界支配の政治機構について詳述している」（同書）

ユダヤ教の聖典とされる「タルムード」では、「異教徒は〝獣《ゴイム》〟である」と教えている。つまり「非ユダヤ人は、見かけは人間だが、じつは〝獣〟である……」という恐ろしい思想を、〝かれら〟は刷り込まれている。

だから、〝獣〟をだましても、殺しても、良心はまったく痛まない。

セルゲイ・ニルス
（1862-1929）
思想家

「シオン議定書」が狡猾《こうかつ》、傲慢、残酷なのも道理かもしれない。

この世界を動かしている者たちの正体

じつは――「シオン議定書」のもとになった文書が存在する。

それは一八六〇年、パリで「全世界ユダヤ人同盟」が結成されたとき、彼らが作成・宣言した「指針書」である。

これが、「シオン議定書」とまったく瓜二つなのだ。

タイトルは「非ユダヤ人征服指針書」。以下はその要約である。

①黄金を所有せよ。それだけで、あらゆる財物を入手できるのだ

②印刷物を専有せよ。非ユダヤ人を堕落させ、馬鹿にし、騒乱を起こせ

③自由思想、懐疑説、キリスト教を破壊する観念を、非ユダヤ人に接種せよ

④キリスト教牧師・神父らに論争を仕掛け、嘲笑、誹謗、疑惑を浴びせよ

⑤寺院財産の没収運動を起こせ。国家が没収すれば、のちにわれらの物となる
⑥キリスト教育を廃止し、家族主義を破壊せよ
⑦国王の玉座を守る愛国心を養成する陸軍は廃滅せよ
⑧陸軍嫌いの人民を煽り立て、軍備反対の声を煽れ
⑨非ユダヤ人の国債・私債募集を妨害せよ
⑩非ユダヤ人の不動産を破壊し、土地はイスラエル人に委ねよ
⑪ユダヤ人は貿易、投機、農業、経済も確実に掌握せよ
⑫ユダヤ人をあらゆる官職につけ、立法に加えさせよ
⑬ユダヤ人に反対する法律は殲滅《せんめつ》、ユダヤ人の利益となる法律は制定せよ
⑭仇敵《きゅうてき》キリスト教徒の財産、健康、生命を握るため、医師・看護師になれ
⑮あらゆる不平、革命を援助せよ。われらの資本は増大し目的に近づく
⑯全世界に広がる社会運動を指導し、ユダヤ主義を堅固なものとせよ

いやはや、書いているだけで、辟易《へきえき》し、憂鬱になってくる。なんたる強欲、なんたる傲慢、なんたる狡猾……あきれ果てて声もない。

ただし、これがユダヤ人全体の考えと、誤解してはいけない。あくまでユダヤ民族を支配し

てきた、一部の悪徳ユダヤ人たちの妄想なのだ。

ベンジャミン・フルフォード氏も『新聞とユダヤ人』の解説でこう述べている。

「ここに書かれている恐るべき策謀の数々は、ほぼ本当のことで間違いない。ただし、ユダヤ人のところは『ユダヤ・マフィア』と置き換えて読んでもらいたい。一般のユダヤ人もまたわれわれと同じ犠牲者なのである」

このことを絶対忘れてはいけない。

「ワーテルローの戦い」で資産二五〇〇倍!

一九世紀初頭、ヨーロッパ最大の財閥であったロスチャイルド一族が、一挙に世界最大の富豪となった事件がある。一八一五年のワーテルローの戦いだ。

これは欧州の、天下分け目の戦いだった。ナポレオン率いるフランス軍と、ウェリントン将軍率いるイギリス連合軍が、現在のベルギー、ブリュッセル郊外の僻村、ワーテルローの地で激突。それは、両国の死命を決する戦いとなった。

イギリスの財閥たちは、この決戦の帰趨《きすう》に神経をとがらせていた。

イギリス勝利なら所有する国債は暴騰する。しかし、イギリス敗北なら紙くずとなる。

当時、ロスチャイルド一族は、五人の兄弟が欧州各国の銀行に配置され、すでに欧州一の金融王と言われていた。イギリスをまかされていたのが三男、ネイサン・ロスチャイルドだ。

当時の通信手段は、電話どころか電信すらもない。そこでネイサンは部下をワーテルローにやり、その戦局を六頭立ての高速馬車の疾走、伝書鳩の飛翔、さらにドーバー海峡は高速艇などを駆使して、誰よりも早く戦いの状況を把握したという。

やがてワーテルローの決戦は、不可解な結末で幕を閉じる。フランス軍がイギリス軍の陣地中央に無謀な突撃を敢行し、大敗を喫したのだ。

こうして戦いは、イギリス軍大勝利で幕を閉じた。その一報は、早朝、ロンドンのネイサン・ロスチャイルドの館に舞い降りた伝書鳩がもたらした。

まだ、証券取引所が開くまでに時間がある。そこで、ネイサンは一計を案じた。

普通なら取引所が開くなり、国債を買いまくる。それが、筋だ。

しかし、狡猾なユダヤ商人である彼は違った。

取引所に集まった投資家、富豪たちは、現れたネイサンの顔色に目を疑った。ひどく意気消沈し、青ざめていたのだ。そして市場が開くや、持っていた国債をすべて売りに出した。

一堂に会していた投資家たちは狼狽《ろうばい》した。あの目先の利《き》くロスチャイルドが、取引開始と同時に国債全部を投げ売りしている！　そうだ、奴はワーテルローの結末をいち早く入手したのだ。なんということだ、イギリスは大敗したぞ！

市場は恐慌におちいり、投資家たちは手元の国債を売りまくった。まさに売りが売りを呼び、なんと価格は一気に五〇分の一までに暴落した。それを横目で見ていたネイサンは、午後の取引が始まるや、配下の者にめくばせして、一気に買いに走らせた。

こうして、国債のほとんどすべては造作なくロスチャイルド家の手に渡った。

イギリス大勝利の知らせが届いたのは、午後遅くなってからだった。

しかし、もはや時すでに遅し。価格が大暴騰した国債は、すべてこの狡猾な財閥の掌中《しょうちゅう》にあった。今度は、ロンドンの投資家たちが青ざめる番だった。しかし、ほぞをかんでも、地団太を踏んでも、もはやあとの祭り。

これが、のちの世にいうロスチャイルドの大芝居……。

ここまでくると、あっぱれというしかない。

表の歴史はすべて〝ビズ・ストーリー〟である

この大博打で、ネイサンは当時の資産三〇〇万ドル（約三億三〇〇〇万円）を一気に二五〇〇倍の七五億ドル（約八二五〇億円）に増やした。一方、彼のひと芝居に引っ掛かり、破産した富豪、財閥は数知れない。

こうしてロスチャイルド一族は、このひとり勝ちで世界一の超巨大財閥に変貌した。すでに五人兄弟で、欧州一といわれる金融網を支配していた一族が、さらに資産を二五〇〇倍にしたのである。

つまり、すでに二〇〇年前から、ロスチャイルドの世界支配は始まっていたのだ。

ちなみに、ロスチャイルド五人兄弟の母親、グートレ・シュナッパーは、こんな意味深な言葉を残している。

「私の息子たちが望まなければ、戦争が起きることはあ

ネイサン・ロスチャイルド
（1777-1836）
銀行家

りません」

　裏を返せば、ロスチャイルド一族が望めば、いつでも好きなとき、好きな場所で戦争が起こせるということを意味する。

「近代に起きた世界中の戦争はすべて、彼女の言葉通り、彼女の息子たちが支配する国際金融権力によって、立案され、計画されました。当事国に必要な『資金と武器』の供給にいたるまで全ての支援を受け、意向を受けた政治家が両国に配されます。戦争は、用意周到に意図的に起こされてきました」（ブログ「THINKER――日本人が知らないニッポン」）

　戦争当事国の双方に配される政治家がフリーメイソンの会員で、その密命を帯びていることはいうまでもない。


　さかのぼれば、単なる石工《いしく》の職業組合にすぎなかったフリーメイソンが、いつの間に世界支配をたくらむ秘密結社に変貌したのか。

　じつは一七一七年、ロンドンに大ロッジが開設され、一七二三年、フリーメイソン「大憲章」が制定されたときには、とっくに石工たちは追放され、組織はユダヤ新興財閥に乗っとられていた。つまり、ユダヤ財閥は、世界支配の格好の組織を手に入れたのだ。

　ちなみに「大憲章」には、自由・平等・博愛の理想のもとに世界政府を樹立する……とはっきり明記されている。

この戦略のもとに、〝かれら〟は新興国・米国を建国し、英国王室を抱き込み、フランス革命を仕掛けて、ルイ一六世とマリー・アントワネットの首をはね、ブルボン王朝を滅ぼし、フランスを掌中に収めた。さらにロシア革命を共産主義革命に偽装して、ロマノフ王朝を滅ぼし、ロシアをソ連という全体主義国家に仕立てて支配した。

フランス革命後の大混乱も、労働者、市民たちが、これを市民革命と誤認したからだ。

その正体はフリーメイソン革命、つまりユダヤ革命だった。

だから、その事実に気づいた学生、市民、政治家たち約一万人が、非情のギロチン台に送られたのだ。

その後、登場した小男の兵士もメイソンの傀儡《かいらい》であろう。ナポレオン・ボナパルトは、〝かれら〟の命ずるまま狂気のナポレオン戦争に突入し、欧州を戦火の渦に巻き込む。

その意味で、最後の決戦ワーテルローで、敵陣に突入するという無謀な作戦を強行した意味もわかってくる、それも、フリーメイソンの差し金ではなかったのか？

グートレ・シュナッパー
（1753-1849）
ロスチャイルド一族

ナポレオンは地中海エルバ島、アフリカ沖セントヘレナ島と、二回流刑になっている。これも不可解。イギリスは〝最凶〟の戦争犯罪人を処刑せず〝温情〟で流刑としている。そして、僻島で死亡したとされる遺体が棺になかった……というミステリーも伝えられる。

閑話休題。表に出ている歴史《ヒストリー》は、そのほとんどが〝ヒズ・ストーリー〟（彼の物語）である。つまり、権力を掌握した者が自在に生み出した〝物語〟なのだ。よって、どのようにでも創作・捏造《ねつぞう》できる。

だから真実の歴史は、世界史の授業で習ったものとは、まったく異なる。戸惑うのは当然だ。学校で習うのは、権力者が捏造した〝物語〟なのだ。

その意味で、権力者とは「歴史を捏造する特権を与えられた者」という定義が成立する。

「通貨発行権」奪取で世界は思うままに

ワーテルローの圧勝を奇貨《きか》として、ロスチャイルド一族は、世界支配に乗り出す。

その布石が各国の中央銀行の奪取だった。

中央銀行とは、その国の通貨を発行し、利子をつけて政府に貸しつける機関だ。通貨発行権は、まさに国の命運を左右するもの。だから中央銀行は、公的機関の中でもっとも重要な役割を担っている。

ロスチャイルド一族は、国家支配の第一歩として、中央銀行を狙った。

一八一五年、ネイサンは資産を二五〇〇倍にするや、すぐさまイギリス中央銀行を手中に収めた。つまり、公的金融機関を私的金融機関としたのだ。

ここで、ロスチャイルド五人兄弟の父、マイアー・アムシェル・ロスチャイルドの有名な言葉を紹介しよう。

「国の通貨発行権を私に与えよ。そうすれば、誰が法律をつくろうとかまわない」

立法権より、行政権より、通貨発行権がその国を支配することを熟知していたのだ。

つまり、こういう意味だ。ロスチャイルド一族が、その国の中央銀行を所有する。そこでお金を発行して、その国の政府に貸しつける。そうして政府、つまり国家そのものを支配する……という図式である。

旧約聖書に、次のような警句がある。

マイアー・アムシェル・ロスチャイルド
（1744-1812）
銀行家

「借りる者は、貸す者の奴隷となる――」

それは、国家がロスチャイルド一族の奴隷になるということを意味する。

こうして三男ネイサンは、父親の教えを実行に移したのである。

さらに、ロスチャイルド一族は、一九一三年、米国中央銀行を奪取、支配下に置いた。

いまもそれには、米連邦準備制度（FRB）という摩訶不思議な名前が冠せられている。米国中央銀行と命名すれば、「公的な重要機関が私的会社にされるのはおかしい！」と、国民が気づくからだ。

こうして、秘密結社フリーメイソンによる世界支配は、その筆頭ロスチャイルド一族や、その弟子ロックフェラー一族らによって、まず中央銀行の奪取から進められたのだ。

むろん、日本も例外ではない。日銀は日本の中央銀行なので、ほとんどの国民は公的機関と思い込んでいる。しかし、日銀の正体は株式会社、つまり私的企業なのだ。

持ち株の五五％は政府が所有している。しかし、残り四五％の所有者はなぜか〝非公開〟とされている。不思議に思わないか。

中央銀行の株式の半数近くを所有する連中の名は、絶対に明かされない。なぜなら、そのうち二〇～四〇％はロスチャイルド一族が所有していると推定されるからだ。日銀株主の公開は、即、日本の〝闇の支配者〟の公開につながる。だから、絶対非公開なのだ。

〝かれら〟に反抗して暗殺された人々……

世界支配をたくらむロスチャイルド一族には、忠実な弟子たちがいた。

世界最大の財閥の末端を、彼らに代理させたのだ。

その忠実な僕《しもべ》が、J・P・モルガンとジェイコブ・シフである。

それぞれ米国にモルガン財閥、シフ財閥を設立させ、ロスチャイルドはそれを陰から支配した。

そのシフが援助し、支配したのがジョン・ロックフェラーである。のちに彼は、石油王として強大化し、米国最大の巨大財閥を形成する。

もうひとり、シフが支援して育成したのがエドワード・ヘンリー・ハリマン。彼は鉄道事業で大成功を収め、〝鉄道王〟と称えられている。しかし、その正体は、ロス

ジョン・ロックフェラー
(1839-1937)
実業家

チャイルド家の番頭。金庫番である。

このように、米国を支配する財閥も、もとを正せばロスチャイルド家に行き着く。

〝石油王〟も〝鉄道王〟も、しょせんはロスチャイルドの飼い犬だったのだ。

こうして、新興国・米国も、狡猾巧妙なロスチャイルド（つまりフリーメイソン）の奸智《かんち》によって、これら財閥の支配下に置かれた。

そもそも、一七七六年、米国独立宣言に署名した五六人中五三人がメイソン会員だったという。つまり、米国という国家は、メイソンによるメイソンのためのメイソンの国家だったのだ。

この支配に反発を抱く政治家も当然いた。

次の写真は、六人の歴代米国大統領だ。彼らに共通するのは暗殺か、暗殺未遂に遭っていることだ。もうひとつ共通するのは、六人とも通貨発行権を米国政府にとり戻そうとしたことだ。

そのため彼らは、全員ヒットマンに襲われた。

メイソンは、そのような〝反乱〟は、決して許さない。


ここまでの流れを整理する。

ワーテルローの戦いで、資産を二五〇〇倍に増やしたロスチャイルド一族。彼らは、ロックフェラーら弟子を使って、各国の中央銀行を簒奪《さんだつ》し、世界支配を貫徹した。

“かれら”に逆らった大統領たち

エイブラハム・リンカーン（第16代）
（1809-1865）

ジェームズ・ガーフィールド（第20代）
（1831-1881）

ウィリアム・マッキンリー（第25代）
（1843-1901）

ウォレン・ハーディング（第29代、毒殺説が濃厚）
（1865-1923）

ジョン・F・ケネディ（第35代）
（1917-1963）

ロナルド・レーガン（第40代、未遂）
（1911-2004）

彼らの正体は、ユダヤ資本であり、秘密結社フリーメイソンである。さらにその中枢組織、イルミナティの主要メンバーでもある。

彼らが目指すのは「シオン議定書」にあるユダヤ世界帝国の建設である。

その策謀において戦争こそが、大きな役割を果たす。

〝かれら〟は、戦争当事国、双方に「金融」で戦費を貸しつけ、「軍事」で兵器を購入させる。すると金利と武器の売上で、二重に巨利を得ることができる。

これが、ユダヤお得意の〝二股作戦〟である。

敵、味方に分かれて戦い合う両国は、おたがいの背後にそのような深謀遠慮が存在することなど想像すらできない。

〝闇の支配者〟にとって、戦争こそ最高のビジネスなのだ。

近代から現代にかけて、ひきも切らずに戦争がくり返されてきた謎はこれで解ける。

戦争は、〝やつら〟が仕掛けてきたし、これからも仕掛けてくる。

それだけは、間違いない。

［第2章］

米国と北朝鮮の〝ドローン・ウォーズ〟は起こるか？

戦争はこうして〝つくられる〟

二〇一一年に発生した、9・11同時多発テロは、米国軍部の自作自演である。

それは、もはや赤子でも知っている。

この〝テロ〟のとき、ジョージ・W・ブッシュ大統領は幼稚園を視察していた。そして、〝テロ〟の一報にもまったく驚くことはなく、平然としていた。大統領警護チームも、静かにその様子を見守るだけ。なんとも奇妙な沈黙が流れていた。

未曾有《みぞう》の同時多発テロなら、真っ先に狙われるのは大統領である。一報とともに、大統領を安全な場所に避難させる。それが警護の鉄則だ。なのに、なんとものんびりした時間だけが過ぎていった。

それも当然だ。このテロを仕掛けた張本人がブッシュ一族、軍産複合体だからだ。

彼らが育てあげた仮想敵、共産圏が、ソ連崩壊後、次々自壊していった。〝敵の脅威〟が存在しなければ、まず、軍事予算が勝ちとれない。それは、軍事産業にとって死活問題だ。

だから、次なる仮想敵をつくり出すことが急務だった。

そこで、目をつけたのがイスラム諸国だ。後述するシオニストも、イスラム勢力を敵視している。新たな〝敵〟としてうってつけだ。そこで急遽、ブッシュの旧友、オサマ・ビン・ラディンに出演依頼をし、〝役者〟として登場させたわけである。

〝テロ〟の一報を幼稚園でのんびり聞いていたブッシュは、マスコミに向かって突然、声を張りあげた。

「これは戦争だ！」

「テロとの戦争に立ち上がれ！」

まるで、ヘタクソな三文芝居である。しかし、単純無比な多くの米国民は、見事にだまされた。マスコミが「卑劣な世界同時多発テロ」として、センセーショナルに報じたからだ。日本人も底なしのお人好《よ》し（つまり馬鹿正直）だが、米国人もじつに単純でだまされやすい。

わが畏友、ベンジャミン・フルフォード氏は、当時、米経済誌『フォーブス』のアジア太平洋支局長を務めていた。みずから「僕は当時、本当に保守的だった」と告

ジョージ・W・ブッシュ
（1946-）
政治家

白するように、彼はこのテロをアルカイダのしわざだと心底信じて、卑劣さに激怒していた。

ところが、「9・11はでっちあげ」「米国の自作自演だ」という声が、インターネットなどで流れ始めた。彼は激怒した。

「デタラメいうな！　僕は徹底的に調べて、こいつらをギャフンといわせようと思った」

持ち前の熱血漢の気性で、事件を徹底的に調べた。そして、愕然、呆然とする。

「驚いた。彼らのいうとおり、9・11は自作自演のヤラセだった……」

そこから、彼の人生が一八〇度、変わってしまったのは、ご存じのとおりだ。

世界の主要メディアは、この真実を口が裂けてもいえない。書けない。日本のマスコミも同じだ。マスメディアが〝やつら〟に完全支配されていることの、決定的な証拠でもある。

しかし、インターネットの普及で、誰でも自在に情報を発信し、アクセスできるようになった。彼らが必死で隠そうとしてきた真実も、だだ漏れである。

かくして、世界のメディアは、張り子の虎と化してしまった。

さらに「メディアはウソつきだ！」と、拳《こぶし》を振り上げて怒る大統領まで登場してきた。彼を〝金髪のゴリラ〟と揶揄《やゆ》する向きもあるが、その指摘は真実である。

〝闇の支配者〟の支配にも、ほころびが出始めたということだ。

「東西冷戦」も〝かれら〟のシナリオどおり

しかし、ユダヤ・マフィアは世界帝国（NWO）建設をあきらめていない。

NWOにいたる二つの道筋として〝かれら〟が敷設したのが、コミュニズム（共産主義）とシオニズム（イスラエル建国）だ。

この二つを、ユースタス・マリンズ氏は「世界に蔓延した悪性伝染病」と唾棄《だき》する。

敬虔《けいけん》なクリスチャンであるマリンズ氏の言葉として理解できるが、真面目な共産主義者なら、間違いなく憤激、反発するだろう。

マリンズ氏は、その根拠をあげる。

「第一の悪、すなわち『共産主義インターナショナル』は英国ロスチャイルド商会のライオネルと詩人ハインリッヒ・ハイネ、そしてカール・マルクスというたった三人が当初の構成員だった」（前出『カナンの呪い』）

もう、ここでロスチャイルド一族が登場している！

資本主義の権化、世界最大財閥の当事者が、〝資本主義を打倒する〟と主張する組織に当初から参加し、活動を支援している……なんとも奇妙で、おかしな話ではないか。

「イルミナティの一部門が、一八四七年にカール・マルクスに『共産党宣言』の執筆を委任した。この本が翌一八四八年に出版されるや否や、世界各地のフリーメイソン支部の手によって、たちまち、世界中に流布されることになったのである」（同書）

なんともはや、秘密結社フリーメイソンが『共産党宣言』を組織をあげて支援、推進した！

共産主義者ならずとも、頭をかきむしりたくなる。

「長い政治的キャリアを通じて、マルクスがイエズス会やフリーメーソンと積極的に行動を共にしたのは周知のことだ。一八六四年、マルクスはロンドンで世界労働者党を組織し、一八七二年にはそれをニューヨークに移して社会党と合同させた。アメリカで、マルクスはコラムニストとしていくつかの新聞社から俸給を得ていた。これはフリーメーソンによって彼に手配された仕事口だった」（同書）

つまり〝共産主義の父〟も、フリーメイソンに手厚く養われていたのだ。

ちなみに、〝革命の父〟ウラジーミル・レーニンも、ロスチャイルドの血を引くイルミナティの一員だったという。考えてもみてほしい。レーニンはロシア革命のとき、スイスから「封印列車」で巨額の軍資金を届け、革命をなしとげた。その快挙で、共産主義の英雄とされている。しかし、この資金を誰が出したのか？　誰も問わない。

いうまでもなく、ロスチャイルドの隠し金庫から大量に運ばれたのだ。レーニンの正体は、「秘密結社が送り込んだロシア強奪目的のボルシェビキ革命の指導者」だったのだ。

資本主義の頭目が、なぜ資本主義打倒を宣言する革命に大量資金を投じるのか？　胸に手を当てて考えれば、謎はすぐに解けるはずだ。ロスチャイルドお得意の〝二股作戦〟なのだ。

困惑、憤慨する共産主義者の方々の顔が目に浮かぶ。搾取なき究極ユートピアの共産社会を目指していたら、その先に〝悪魔が待ってるよ〟と耳打ちされるようなものだ。

しかし、歴史とはそういうものであろう。ユダヤ・マフィアが共産主義者マルクスを育てたのは、のちに共産主義革命を偽装して、世界の半分を共産主義陣営、残り半分を資本主義陣営と二分するもくろみがあったからだ。いわゆる冷戦構造だ。

地球を東西で、まったく異なるイデオロギー体制で二分する。すると、両陣営とも疑心暗鬼になり軍拡競争に邁進する。するとユダヤ・マフィアは、両陣営に高金利で金を貸しつけ、高価格で兵器を売りつけ、巨万の富を得ることができる。

カール・マルクス
（1818-1883）
哲学者・経済学者

これが、東西冷戦構造が生まれた真の理由である。

ちなみに、東西ドイツや南北朝鮮の分割は、その〝ミニ版〟といえる。欧州とアジアにも、この緊張状態を温存しておけば、〝かれら〟が望んでやまない第三次世界大戦の引き金として働いてくれる。

しかし、環境汚染や官僚腐敗などで、東側の共産圏が勝手に崩壊してしまった。

つまり、二股ビジネスにおける共産圏の役割は終焉したのだ。その代わりに、仮想敵として捏造されたのがイスラム圏であることは、すでに述べたとおりだ。

イスラエル建国は「第三次世界大戦」への布石

マリンズ氏は、世界に蔓延したもうひとつの〝悪性伝染病〟としてシオニズムをあげる。

「もう一つの悪、シオニズムは世界中のユダヤ人の力を一つの運動に結集し、世界の至高支配権力としてイスラエル国家を建設することを目的としていた。ソロモンの神殿を再建し、そこに世界の富を蓄えることは、フリーメーソンの公然たる目的でもあったから、シオニズムはも

ともとフリーメーソンから生じたことになる」（同書）

さて――イスラエルは中東の、それもアラブ諸国のど真ん中、パレスチナに建国された。人種も、民族も、宗教も、歴史も、文化も異なる地域に突然やってきて、パレスチナ住民を追い払い、武器と銃の威圧のもとに建国宣言したのだ。

なぜ……？　と問われると、〝かれら〟は平然とこういう。

「モーゼが出《しゅつ》エジプトで、先祖のヘブライ人を率いてたどり着いたカナンの地だ」

いったい、いつの話だ？　と聞けば、約三三〇〇年も昔の話なのだ。

住んでいたのは三〇〇〇年以上も昔なのに、「そこどけ！」といっているのだ。

誰でも怒るに決まっている。パレスチナ自治政府の初代大統領を務めたヤセル・アラファト氏は、「そんな理屈が通るなら、米国はネイティブ・アメリカンに土地を返せ！」といってのけたが、まさに正論だ。

それでもパレスチナの地に、イスラエル建国を強行したのはなぜか。

それは先述した、アルバート・パイクの〝予言〟ですべて明らかにされている。

「第三の世界大戦は、シオニストとアラブ人との間に、イルミナティのエージェントによって引き起こされる」

はっきり「シオニストとアラブ人の対立を第三次世界大戦の引き金とする」と宣言している

のだ。ごていねいに、「イルミナティ工作員が仕掛ける」とまでいい切っている。中東で紛争が絶えないのも当たり前だ。緊張、紛争、戦争を引き起こすためのイスラエル建国、シオニズムだったのだ。こうして〝やつら〟は戦争をエンドレスに仕掛けていく。

「われわれの持つあらゆる手段を総動員して、五年以内に、第三次世界大戦を勃発させなければならない！」

これは、一九五二年一月一二日、ハンガリー、ブダペストで開催された「欧州ラビ緊急会議」で飛び出した演説である。とんでもない過激発言だ。

「私は諸君に確かに約束する。一〇年以内に、わが民族は世界で正当な地位を得るだろう……すべてのユダヤ人が王となり、すべての非ユダヤ人が奴隷となる」（会場から大拍手）

演説の主は、ラビ（ユダヤ教の聖職者）のひとり、エマニュエル・ラビノヴィッチ。個人の妄想ならいざ知らず、公的な会議で、公然と述べられた発言なのだ。

「第三次大戦を起こせ！」とアジり、それに満場の賛同の大拍手が沸く。やはり、ユダヤ・マフィアたちは狂っている。

ちなみに、この陰謀に翻弄され、名声の果てに非業《ひごう》の死をとげた人物がいる。

それが、〝アラビアのロレンス〟こと、トーマス・エドワード・ロレンスだ。

彼はイギリス政府から、「トルコに反旗を翻《ひるがえ》してイギリスの味方をする」よう、アラブ人を説得する密命を受け砂漠に赴《おもむ》いた。イギリス当局はロレンスに、「その代償として、宿敵ユダヤ人をパレスチナから追い出す」とウソの条件をアラブ側に提示させた。

　彼はアラブ人に共感し、アラブ人による国家建設を夢想し奔走する。しかし、本国の裏切りに失望し、失意のうちに帰国。隠遁生活に入った。そして、ロレンスは、ほどなくしてオートバイ〝事故〟で不慮の死をとげる。

「D・スチュワートほかの作家たちは、オートバイ〝事故〟によるとされていた死因は、冷酷な殺人だった、という証拠を集めた。第一次大戦中の対英支援の交換条件として、英国がアラブに行った領土保全の〝偽《にせ》約束〟を立証できるロレンスが生きているかぎり、アラブの土地を乗っ取るユダヤの計画は、決して実行できない。それを、ユダヤ人はわかっていた。そこで、ロレンスがいつもオートバイに乗って高速で走る道路を横切って、一本の鉄線が張られた。オートバイは、それに引っ掛かりロレンスは転倒して地面に叩きつけられ、即死した」（ユースタス・マリンズ『真のユダヤ史』成甲書房）

　傑作との呼び声高いイギリス映画、『アラビアのロレンス』（一九六二年）の冒頭は、そのオートバイによる転倒シーンから始まる。しかし、鉄線による仕掛け罠までは

トーマス・エドワード・ロレンス
(1888-1935)
軍人、考古学者

描かれていない。

ロマンを追い求めた熱血の英国青年は、こうしてシオニズムの犠牲となったのだ。

フリーメイソンが仕組んだ「日本内戦」計画

ロスチャイルドらによる戦争丸儲け主義。その犠牲になったのは、日本も同じだ。

話は、幕末にまでさかのぼる。当時は天皇方の勤王《きんのう》派、幕府方の佐幕《さばく》派が、激しく対立していた。いうなれば、政府軍ＶＳ革命軍だ。

その対立構造に目をつけたのがフリーメイソンだ。動いたのは英国フリーメイソンの頭目で、マセソン商会という貿易会社を経営するヒュー・マセソン。彼はイギリス屈指の大富豪で、香港にも支社を持つ世界最大の武器商人だった。

そんなマセソンが腹心として日本に派遣したのが、トーマス・グラバーだ。グラバーは長崎を拠点に、倒幕派に大量の武器援助という形で〝売り込み〟を行なった。そこで使われたのが、坂本龍馬《さかもとりょうま》だ。

他方、フランスのフリーメイソンは幕府にとり入って、やはり大量の武器を売りつけた。つまり、フリーメイソンは革命軍、政府軍の双方に武器を売りつけたのだ。その背後にロスチャイルドの指揮があったことは、いうまでもない。

革命軍と政府軍の双方に大量の武器を売りつければ、二重の儲けとなる。購入資金は、高利で貸しつける。するとさらに利益が上乗せされる。さらに、両軍が全面衝突すれば、日本国土は火の海、血の海……灰塵《かいじん》の焦土と化す。その内戦終結のあと、人道支援を名目に上陸したフリーメイソン勢力が、日本を植民地支配する……。

これが、ロスチャイルドの描いた日本支配のシナリオだった。しかし、その手の内を察したか、坂本龍馬は裏技をくり出す。それが、大政奉還という無血革命である。龍馬が放った土俵際のうっちゃりだ。

日本全土を戦火に巻き込む、というもくろみの外れたマセソンは激怒。グラバーに龍馬暗殺の指令を出す。苦渋と苦悶の果てに、グラバーはフランスのフリーメイソンに依頼し、会津藩から刺客を送り込ませた。これが、私の描いた龍馬暗殺の真相だ。むろん推論だが、当たらずとも遠からずだろう。

トーマス・グラバー
(1838-1911)
実業家

しかし、フリーメイソンの陰謀に抜け目はなかった。

〝かれら〟はグラバーに手引きさせ、長州の下級武士であった若侍五人をイギリスにひそかに密航させている。寄宿させたのはマセソンの豪邸だ。これが、のちに伝わる〝長州ファイブ〟である。フリーメイソンは、彼らを〝マセソン・ボーイズ〟と親愛をこめて呼んだ。ロンドンのメイソン・ロッジには、いまも彼らの写真が飾られているという。

その渡航費用は、現在の貨幣価値で一〇億円近い。まさに目もくらむ厚遇で、五人の若侍たちは招待されたのだ。彼ら五人が、誇り高いメイソン会員となって帰国したのは、一〇〇％間違いないだろう。

ちなみに、五人の〝ボーイズ〟の中のひとりが、伊藤博文《いとうひろぶみ》だ。

伊藤博文と岩倉具視《いわくらともみ》は、強硬に攘夷を主張する孝明天皇を暗殺する計画を立て、ついに凶行に及ぶ。時の大坂城定番を務めていた渡辺平左衛門章綱は、徳川慶喜《とくがわよしのぶ》の命を受けて暗殺犯を探し、それが伊藤と岩倉であることをつき止め、逮捕に向かった。

しかし、逆に長州の刺客に襲われ、深手を負うこととなる。その後、維新の混乱で伊藤らの容疑はうやむやにされた。のちに平左衛門は、死期の迫った枕元に一四歳だった息子を呼び寄せ、すべてを語り、後世に真実を伝えるよういい残した。

その遺言を託された息子こそ、のちに作曲家となった宮崎鉄雄氏だ。私は、ひょんな因縁で、九〇歳を超えた彼と出会い、親交を結んだ思い出がある。まさに奇縁というほかない。

「父が語ったところでは、伊藤博文が堀河邸の中二階の厠《かわや》に忍び込み、手洗いに立った孝明天皇を床下から刀で刺したそうです。そして、そのあと邸前の小川の水で血刀と血みどろの腕をていねいに洗って去ったということでした」（松重楊江『日本史のタブーに挑んだ男』たま出版）

ここまで、決定的証言が残っているのだ。間違いなく事実だろう。

伊藤博文は、その後、明治政府で初代内閣総理大臣となり、長州ファイブの残り四人――すなわち、井上馨《いのうえかおる》、遠藤謹助《えんどうきんすけ》、山尾庸三《やまおようぞう》、井上勝《いのうえまさる》も入閣し、明治政府で要職を務めている。

軍国主義の道を〝暴走させられた〟日本

こうして、明治政府は〝闇の支配者〟の掌中《しょうちゅう》で操られるまま船出したのだ。

伊藤博文
（1841-1909）
武士、政治家

約三〇〇年近い江戸時代の平和主義から一転、国民皆兵《かいへい》、富国強兵、軍国主義の道を突き進んだ。いや、暴走させられた。誰によって？

それはもはやいうまでもない。

日清戦争の勝利は、まさに博打《ばくち》のビギナーズ・ラック。というより、次なる日露戦争に仕向けるためのメイソンの罠であろう。

一九〇二年に締結された日英同盟は、イギリスに代わって日本にロシアを攻撃させるシナリオだ。このときも旗艦「三笠」をはじめ、大量の戦艦、兵器、砲弾などの戦費調達のため、莫大な借金を明治政府は負わされている。黒幕はもちろんロスチャイルド財閥だ。

他方、日露戦争で敗れたロシア皇帝、ニコライ二世は「一カペイカも、ひと握りの土地もやらない！」と豪語。日本に対する賠償を突っぱねた。結局、賠償金ゼロ。得た領土は樺太の半分で終わった。

借金漬け、戦争漬けで、国民は疲弊しきっていた。こうして国民の不満は爆発し、さらに利権と領土を奪うために、大陸侵攻を加速させたのだ。まさにメイソンのもくろみどおりの展開だ。

戦争で忘れがちなのは、戦費調達による借金だ。日本政府は、日露戦争のときに借りた金の返済に、その後、なんと八一年を要したという。

金を貸したのはいわずもがな、ロスチャイルド財閥である。

日本全土に異様な軍国主義の風潮が蔓延した。すでに日本は、軍事費が国家予算の五〇％超という異様な軍事国家となり果てていた。しかし、誰もそれを不思議に思わない。

貧しければ、ひもじければ、外地侵攻で奪えばよい。これは、〝強盗国家〟の発想だ。しかし、そんな発想が当たり前として日本全体に浸透、蔓延したことが、空恐ろしい。

「戦争は、やるほうは痩《や》せ細り、やらせるほうは肥《こ》え太る」

これが、いつの世も変わらぬ真理である。

こうして日本は最悪の悲劇、太平洋戦争に突入させられる。そう、真珠湾攻撃だ。

これは〝奇襲〟でもなんでもない。暗号解読により、米国側は事前にすべてを知っていた。

この事実は、もはや歴史の常識である。一発殴らせて、一〇〇発殴り返す。これが米国の常套手段だ。

「日本軍は、監視下に置かれていることに気づくことなく、全力でハワイに向かって近づき、攻撃を開始しました。ルーズヴェルト、バルーク、マーシャルは、近づきつつある攻撃に関するすべての情報を米国太平洋方面軍指揮官に洩れないよう入念な措置を講じました」（前出

フランクリン・ルーズベルト
（1882-1945）
政治家

『真のユダヤ史』）

つまり、真珠湾を防衛する司令官たちに、一切、奇襲攻撃があることを知らせなかった。彼らを、日本と米国を第二次大戦にひきずりこむための〝いけにえ〟としたのだ。

「沈黙をつづけることにより、ルーズヴェルトは日本のパールハーバー攻撃を奨励したのです。そしてこのことが、大統領自身の国の何千人という若い兵士船員たちが警告も受けず死んでゆく運命を決した……」（同書）

いうまでもなく、ルーズベルト大統領は筋金入りのフリーメイソン。その冷酷さ、狡猾さも、筋金入りだ。さらに、彼は恐るべき処断をしている。

「パールハーバーの司令官だったキンメルとショートとを、攻撃に対する準備ができていなかったという『重過失』の嫌疑で軍法会議にかけた」（同書）

私は、二〇一六年一月、真珠湾にある慰霊施設、アリゾナ記念館を訪れ、奇襲攻撃の記録映画を見た。空から奇襲する日本の攻撃機。炎上する戦艦アリゾナ……。すぐに気づいた。すべて三脚でカメラを固定して撮影している！　それも、なかなかのベスト・アングルだ。

攻撃はわずか一時間足らず。本当の奇襲攻撃なら、全員、逃げ惑う。映像などを撮っている余裕はないだろう。また、カメラや三脚、フィルムの準備も間に合うわけがない。しかし、さまざまな場所のベスト・ポイントで撮影隊が〝準備〟していた。

〝卑怯な奇襲〟のリアル映像を、全世界にプロパガンダとしてばらまくためだ。

朝鮮戦争は第二次大戦の〝在庫処理〟だった

こうして見てくると、あらゆる戦争が仕組まれてきたことがよくわかる。

だから、いま起きていることも、将来の戦争に向けての〝仕掛け〟だと考えるべきだ。

そういう見方を身につけておけば、世の中の動きの裏側がわかってくるだろう。

第二次大戦後も、あきれるほどの紛争、戦争がくり返されているが、将来、より大規模な戦争を起こすための〝仕込み〟の場合もある。

たとえば、第二次大戦後、解放されたはずの朝鮮半島はまたもや悲惨な戦禍に巻き込まれ、南北で約五〇〇万人もの人々が犠牲になった。いわゆる朝鮮戦争だ。

「朝鮮戦争は、不必要な内戦だった」と嘆ずるのは、『原爆と秘密結社』（成甲書房）の著者、デイビッド・J・ディオニシ氏。

「朝鮮戦争への介入が、いかに国際連合で承認されたのか。その公式説明は、全く馬鹿げている」

台湾の蒋介石《しょうかいせき》政権を国連が承認したことに抗議して、当時のソ連代表団が安全保障理事会をボイコットした。つまり、ソ連が決議に欠席したために、国連の朝鮮戦争介入決議がなされてしまった……という原因説だ。

「当時、ソ連代表団が安保理事会に出席しなかったのは、スターリンが『出席するな』と命じたからだ。スターリンは『死の血盟団』に任える者だったからだ」(同書)

ここで「死の血盟団」なるものについて、説明しておく。

「フリーメイソンでは、最高幹部(最高階層)は、ごく少数のエリート団員にしか判らず、秘密にされている。フリーメイソンのピラミッド型階層組織の頂点は、パラディアム階層である。パラディアムは、『死の血盟団』と『蛇の結社』として知られる古代秘密結社の継承団体である」(同書)

つまり、スターリンはフリーメイソン最上階層の構成員であった。

だから彼の行動規範は、ソ連人民への奉仕ではなく、メイソンの血の掟への奉仕だった。朝鮮半島を戦禍と流血の半島にすることは、メイソンの既定路線だった。

その目的は、第二次大戦で余った兵器の〝在庫処分〟である。

ビジネスでも、在庫があると、次の発注がもらえない。そのため、「死の血盟団」は、時期を見計らって、南北朝鮮に戦争を起こす仕掛けをした。これが、ディオニシ氏の結論だ。

ではなぜ、〝かれら〟は朝鮮半島を三八度線で二分したのか？

朝鮮分断を決定した二人の人物がいる。米軍当局のディーン・ラスクと、チャールズ・H・ボーンスティールだ。

「分割案は、結局、対日占領管理の『一般命令第一号一項』として実施された。そこでは『満州・北韓、38度線以北の朝鮮および樺太における日本軍の高級司令官と陸・海・空・補助軍の全部隊は、極東におけるソ連軍最高司令官に降伏すべし』と規定されたのである」（前出『原爆と秘密結社』）

一九四五年、日本降伏時には、すでに三八度線を境に、ソ連、米国が分割占領することは既定路線だった。それもそのはず、米大統領トルーマンも、ソ連共産党書記長スターリンも、フリーメイソン高級幹部だった。つまりは、同じ穴のムジナ。だから三八度線での分割案は即、実行された。

「D・ラスクは、米国を朝鮮戦争とベトナム戦争に引き込んだ張本人として、よく知られている。また、ラスクは、南朝鮮（韓国）と日本との間に、領土紛争（日本でいう

ヨシフ・スターリン
（1878-1953）
政治家、軍人

竹島問題）を作り出すことになる文書（ラスク文書）も起草した」（同書）

こうして第二次大戦後も、メイソンは、ありとあらゆるところに緊張、紛争の種を仕込んでいる。まさに「シオン議定書」の指示どおり、すべては近未来のユダヤ帝国建設の布石なのだ。

ちなみにラスクはその後、米国務長官の要職についている。

いうまでもなく、彼もまた「死の血盟団」メンバーである。

米国の〝最友好国〟は北朝鮮である

二〇一七年三月現在、メディアはマレーシアのクアラルンプール空港における金正男《キムジョンナム》氏暗殺事件で賑わっている。そして北朝鮮の首領様、金正恩《キムジョンウン》委員長は四発のミサイルを発射し、挑発行為をエスカレートさせている。まさに北朝鮮は、つねに〝極東の火薬庫〟だ。

〝アジアのイスラエル〟北朝鮮の真実が日本では報道されない……と指摘するのは、評論家リチャード・コシミズ氏。

「戦後の占領下でユダヤ資本は、日本を奴隷国家にしようと、徹底的にシステムを変えた。ユダヤ支配システムは、権力中枢をユダヤと言うマイノリティで牛耳ることである。それを反日に凝り固まった朝鮮人を利用することにしたのである。構図としては、北朝鮮を金一族が支配し、その北朝鮮は韓国と軍事的に一触即発のように偽装し、東アジアの緊張状態を演出してきた。この韓国が日本のメディア、ヤクザ、新興宗教（統一教会、創価学会、オウム真理教など）の組織を通じて、政治家に影響を及ぼすことで日本をコントロールする。その金王朝の支配者がユダヤと言うわけである」（リチャード・コシミズ、ベンジャミン・フルフォード『日本も世界もマスコミはウソが9割』成甲書房）

さらにベンジャミン・フルフォード氏が応じる。

「日本を牧場の羊に例えると、韓国が牧羊犬、北朝鮮がその犬を飼う牧場の従業員で、その牧場主は『ナチスの勢力』である。実際、北朝鮮はブッシュ勢力の覚醒剤製造基地になっていたからである」

現代の超兵器（スーパー・ウェポン）の原型は、ナチス・ドイツにあった。

「現代の最高峰の爆撃機といえば、米軍が所有するステルス機B2でしょう。しかし、ナチス・ドイツでは、すでにステルス機の五〇年以上も前に、そっくりな爆撃機の開発が行われていました。なかでも円盤型の飛行機の開発には、ナチスはとりわけ力を入れていたという証拠があります。それらUFOの試作機や設計図、開発者などはその後どうなったのでしょうか？

実は、これらはそっくりそのままアメリカが引き取っていたのです。ヒットラーとナチス・ドイツが崩壊したとき、すべては終わっていなかったのです。アメリカの政府、産業界、諜報部に、数千名のナチスが雇い入れられていたのです。すべてが、アメリカのCIAやNASA、そして、ソビエトの科学アカデミーやKGBにすみやかに引き継がれ、現在、途方もない超パワー／超支配エリートとして、密かに世界に君臨するまでに育った……」（ジム・キース『ナチスとNASAの超科学』徳間書店）

さらに、コシミズ氏は断言する。

「ユダヤ権力の奥の奥は、北朝鮮勢力と癒着している。ここに触れないと、どんな秘密も理解できない。アメリカ合衆国と、もっとも親しい関係にある同盟国は北朝鮮である、ということが理解できないと、この世の中の構造は全く判らないのです」（同書）

北朝鮮が米国の最友好国……と聞けば、たいていの人は絶句、あ然とするはずだ。しかし、戦争はウソと仕掛けで始まる。それが何度も、何度も、くり返されてきた。それを煽ったのが新聞、ラジオ、映画、そしてテレビ……つまりマスコミだ。

その苦い事実を胸に刻むべきだ。9・11でもわかるように、戦争の発端は、まさに自作自演のヤラセ事件から始まる。太平洋戦争勃発の契機となった真珠湾攻撃も、一種のヤラセであることは、すでに述べたとおり。

ヤラセとは、悪辣、残虐な事件をでっちあげ、「敵がやった！」と大衆の敵意を煽り、戦争を仕掛ける手口だ。つまり、敵のふりをして、味方を攻撃する。

だから、別名〝偽旗《にせはた》作戦〟とも呼ばれる。

フルフォード氏は、各国政府が公式に認めている五三件のヤラセ事件リストを紹介している。

「これらのポイントは、陰謀論ではなくて、政府が『自分達がやった』と、正式に認めていることです」（同）

こんなにある国家ぐるみの〝ヤラセ事件〟

①満州事変

一九三一年、満州の柳条湖《りゅうじょうこ》付近で、日本の所有する南満州鉄道の線路が爆破されたことをきっかけに起こった武力紛争。大陸侵略のための自作自演であったと、東京裁判などで軍人が公に認めている。

金正恩
（1984-）
政治家

②ドイツ国会議事堂放火事件

一九三三年、ドイツの国会議事堂が炎上した事件。ナチス指導者、ヘルマン・ゲーリングの命令で放火が行なわれた。その後、「共産党がやった」と叫び、共産主義者が強制収容所に送り込まれた。

③フィンランド侵略

一九三九年、ソ連赤軍はソ連領内の村をみずから砲撃し、「フィンランドがやった！」とデマを流し、隣国侵攻を開始した。

④カティンの森事件

一九四〇年、ソビエト内務人民委員部（KGBの前身）によって、約二万二〇〇〇人ものポーランド将兵が虐殺、森に埋められた事件。理由は、惨殺を「ナチスのしわざ」にするためだった。

⑤ドミニカ事件

ドミニカ共和国内の米国大使館を秘密裡《ひみつり》に爆破し、同国を侵略する作戦が、米国務省文書に明記されていた。みずからの大使館を爆破し、相手国のせいにする〝偽旗作戦〟だ。

⑥トンキン湾事件

一九六四年、北ベトナム沖トンキン湾で、北ベトナム軍が米軍の駆逐艦に魚雷を発射したとされる事件。これをきっかけに米国は猛烈な北爆《ほくばく》を開始した。しかしのちに、ベトナム戦争拡大のための自作自演を認める公文書が見つかった。

⑦リビア爆撃

一九八六年、リビア指導者カダフィの自宅に発信機をひそかに置いて、そこからテロ放送を流し、カダフィはテロリストであると扇動した。それを口実に、米大統領ロナルド・レーガンはリビアを爆撃。この悪質な作戦を、実行犯のイスラエル秘密警察モサドの工作員が認めている。

――以上、公になったヤラセ事件は、まだまだ枚挙にいとまがない。くわしくはベンジャミン・フルフォード氏の『クライシスアクターでわかった歴史／事件を自ら作ってしまう人々』（ヒカルランド）を一読してほしい。

これら〝偽旗作戦〟は、必ず政府によって発表され、国民の士気高揚に使われる。

それに追随するのが、テレビ、新聞などのマスコミだ。一般国民は、政府が発表し、マスコミが報道しているから一〇〇%真実だ、と思い込む。

しかし、これらの事件は自作自演のでっちあげだった。むろん、マスコミは謝罪もしない。訂正もしない。だから、新聞、テレビは信じてはいけない。

世界で暗躍する〝アルマーニを着た兵士〟

〝かれら〟の世界侵略の手口は、じつに巧妙だ。

まず目をつけるのは、発展途上国だ。多くの途上国には、いまだ未開発の資源が眠っている。まさに宝の山だ。

かつてユダヤ・マフィアたちは、アジア、アフリカ、南米、中東などの途上国を侵略するとき、まずキリスト教宣教師たちを利用した。そして次に、神の恩寵《おんちょう》によって、人々を貧困から救済するという名目で、商人たちが乗り込んだ。つまり、キリスト教が先住民を迷信から解放し、西洋文明が先住民を貧困から救済する。

しかし、その真の目的は、侵略と支配——つまり、植民地化であり、その正体は帝国主義そのものであった。途上国に派遣された純朴な牧師、神父や商人たちは、そこまでは思い至らなかったはずだ。歴史をひも解くと、つねに狡猾な悪意は、純粋な善意に先導されている。

しかし、第二次大戦後、アジア、アフリカ、南米、中東などで、植民地の独立が相次いだ。つまり、侵略支配の手の内がばれてしまった。もう、この手は使えない。

そこで〝かれら〟の侵略テクニックとして登場してきたのが、「エコノミック・ヒットマン」(EHM)だ。

初めて耳にした——そんな人がほとんどだろう。

当然だ。それは、ユダヤ・マフィアが世界中に放った〝陰の兵隊〟だからだ。その存在を、〝かれら〟が完全支配するマスメディアが明かせるわけがない。

彼らは別名〝アルマーニを着た兵士〟と呼ばれる。高級ブランドのネクタイを締め、手に持つのはマシンガンならぬアタッシュ・ケース。サングラスに南国の陽光を反射させ、旅客機のタラップから降り立つ。

その正体をあますところなく暴露した本がある。タイトルはずばり『エコノミック・ヒットマン』(東洋経済新報社)。副題は「途上国を食い物にするアメリカ」。

表の顔は、一流コンサルティング会社のチーフ・エコノミスト。裏の顔は工作員——彼らは、なぜアタッシュ・ケースで途上国に降り立ったのか？

目的は、「途上国を負債の罠にはめる」こと。これに尽きる。

著者、ジョン・パーキンス自身が〝優秀な〟エコノミック・ヒットマンだった。しかし、みずからがなしてきた悪事に気づき、愛する娘の励ましで、命を賭してこの告発の書をまとめたのだ。彼はエコノミック・ヒットマンとして、コンサルタント会社のメイン社にリクルートされたとき、〝かれら〟から「事実を語れば、命の保障はない」と念押しされている。

パーキンス氏いわく、この仕事には主要な目的が二つあるという。

「第一に、巨額の国際融資の必要性を裏付け、大規模な土木工事や建設工事のプロジェクトを通じてメイン社ならびに他のアメリカ企業に資金を還流させること。第二に、融資先の国々を破綻させて、永遠に債務者のいいなりにならざるをえない状況に追い込み、軍事基地の設置や国連での投票や、石油をはじめとする天然資源の獲得などにおいて、有利な取引をとりつけることだ」（同書）

じつに明快かつ狡猾だ。途上国首脳に〝最新〟経済学理論を駆使して、「これから御国では、確実に一〇％の経済成長が見込めます。ですから、これだけ投資しても確実に回収できます」と大規模プロジェクトへの巨額投資に同意させる。実際は一％の成長すら無理だとわかっているが、それは絶対明かさない。

金を貸すのは世界銀行だ。むろん、彼らもグルである。

首脳にサインさせればこっちのもの。途上国は、確実に返済不能におちいる。すると、借金の形《かた》に無理難題を要求する。資源採掘権、軍事基地設置、市場独占権、国連投票権から法律制定までやり放題。こうして、ターゲットの国を完全支配下に置くのだ。

手口をひと言でいえば、借金漬けにし、支配する。規模こそ違え、街のゴロツキ暴力金融となんら違いはない。

ただ、エコノミック・ヒットマンたちの肩書きはきらびやかだ。ハーバード・ビジネススクール卒業、経済工学博士……嘘でも真でも、めくらまし効果は絶大だ。表向きは、経済コンサルタント会社の〝社員〟ということになっている。しかしこの会社じたいが、米国最大のスパイ組織、NSA（国家安全保障局）のダミー会社なのだ。

「成功した場合、融資額は莫大で、数年後に債務国は債務不履行に陥ってしまう。そうなればマフィアと同じく厳しい代償を求める」（同書）

ここで初めて、途上国首脳たちはだまされたと気づく。中にはエコノミック・ヒットマンに猛抗議し、債務は無効だと主張する指導者も出てくる。すると……。

「だが、ここでひとつ重要な警告をさせてもらえれば、もしEHMの働きかけが失敗したら、私たちが『ジャッカル』と呼んでいる、かつての帝国のやり方をそのまま踏襲する、さらに邪悪な人間たちが介入してくる。ジャッカルはつねにすぐ近くにいて、陰にひそんでいる。彼らが現れると、国家の指導者が追放されたり、悲惨な『事故』で死んだりする。そして、もし万一ジャッカルも失敗すれば、アフガニスタンやイラクの例にも明らかなように、旧来のやり方が再浮上する。ジャッカルが失敗すれば、アメリカの若者が生死を賭けた戦場へ送られるのだ」（同書）

つまり、エコノミック・ヒットマンのあとは本物のヒットマン、最後に軍隊がやってくる。まさに三段仕掛けの侵略だ。

東南アジア、南米、アフリカ、中東などの途上国は、こうして〝かれら〟の餌食《えじき》になったのである。

「クライスアクター」が〝事件〟をつくる

「パリ同時多発テロ、エボラウィルス、ＩＳ（イスラム国）……世界を震撼《しんかん》させた〝あの事件〟は、すべて自作自演だった」

あなたは、またもや目を疑うはずだ。

ベンジャミン・フルフォード氏は、著書『クライシスアクターでわかった歴史／事件を自ら作ってしまう人々』（前出）で、衝撃事実を暴露している。

クライシスアクターとは、文字どおり「叫び声をあげて演技する人」という意味。戦争を起こすには、自作自演の事件が必要だ。つまり、ヤラセ事件だ。すると、そこには必ず〝役者〟が必要となる。被害者、目撃者、通報者……などなど。

そこで、動員され、活躍するのがクライシスアクターたち。とくに情報化社会のいま、事故、事件の映像などは、一瞬で世界中に配信される。だからこそ、リアリティのある迫真の演技が求められる。

じつは、クライシスアクターの存在は、目新しいものではない。たとえば、ハリウッド映画『ウワサの真相／ワグ・ザ・ドッグ』（一九九七年）。コメディ映画とされているが、その本質は告発映画なのだ。

何を告発しているのか？　それは〝闇の支配者〟によるマスコミ操作の実態である。出演陣はロバート・デ・ニーロ、ダスティン・ホフマンなど豪華な顔ぶれ。大統領のセックス・スキャンダルから大衆の目をそらすため、架空の戦争をでっちあげる……というストーリーだ。

そこで使われるのが、クライシスアクターだ。戦火から逃げまどう娘を演じた少女が、「スターになれるかしら?」と笑顔で聞くと、プロデューサー役のデ・ニーロが渋い表情でひと言。

「口外したら間違いなく殺されるね」

タイトルの「ワグ」とは、「犬がシッポを振る」という意味だ。この場合は「シッポが犬を振る」――つまり、メディアが国民を振り回すという皮肉がこめられている。

しかし、いまだ世界の大衆は、〝犬のシッポ〟(ニセ情報)に振り回されっぱなしだ。その意味で、フルフォード氏のこの告発書は必読だ。

まずあなたは、米国などの政府が、新聞などでクライシスアクターを堂々と公募している事実に驚愕するだろう。

「私たちは、七月四日~六日の間、政府の緊急訓練のためのクライシスアクターを募集しています。クライシスアクターは、政府のテロ対策訓練のシミュレーションの中で、それぞれの異なった緊急事態のシナリオを演じてもらいます。未経験可。秘密厳守。報酬は二〇〇ドルです。詳細を知りたい方はご連絡ください」

このような広告が、いく度となく出されている。ここで「秘密厳守」とあるのに注目してほしい。漏らせば厳罰なのである。

そしてフルフォード氏は、ウソで固めた歴史に証拠を突きつけ、こう語る。

「大衆を操る一番の方法はテロです。そして、人々の恐怖を利用して、歴史を操る人々がいることもまた事実なのです。彼らはもはや〝病気〟としか言いようがありません。だからこそ私達が知恵をつけ、世の中を変えていくしかないのです。事件が起きて、得をするのは誰だ？　そのような視点を持って、いま世の中で起こっていることを見回してほしい」（同書）

これだけある！　アクターたちの〝名演〟

具体的に、アクターたちが、どんな演技をしているか？　見てみよう。

①パリ同時多発テロ事件

二〇一五年一一月一三日、フランスのパリで起こった一連のテロ事件。ところが、路上で死んだはずの警官が、こっそりスマートフォンをポケットからとり出し、自撮りをしている。明らかな〝訓練不足〟だ。

②ボストンマラソン爆弾テロ事件

二〇一三年四月一五日、米国ボストンのマラソン大会中に起こったテロ事件。アフガニスタンで負傷した兵士が、犠牲者役を演じていた。また、二〇一二年一二月に起こった、サンディフック小学校銃乱射事件で死んだはずの女性が、このテロで負傷した女性としてメディアで紹介された。

③マレーシア航空三七〇便墜落事故

二〇一四年三月に消息を断ち、その後、インド洋に墜落したとされている事故。ウクライナで墜落した機体では、死体役を演じているクライシスアクターが発見された。

④ＩＳの〝処刑〟映像

日本人をふくめた各国の人々が、残酷な方法で〝処刑〟される映像は、全世界に大きな衝撃を与えた。しかし、じつはスタジオで撮影されたもの。斬首のシーンも、ＣＧでつくられたものと指摘されている。

⑤ＩＳ指導者の正体

ＩＳの指導者アブバクル・バグダディの正体は、イスラエル秘密警察モサドの工作員、サイモン・エリオットだという説。鼻の形などの解析から、二人は同一人物と断定されている。

⑥イスラムの抗議デモ

さまざまな国で起こっている、イスラム側の抗議デモ。そのニュース映像に、たびたび黒ヒゲの同一人物が登場する。「毎回、この顔を見かける。いったい、この男は誰だ？」――あまりにかけもちで出すぎて、正体がばれてしまった。

――以上は、世界の人々をだまし続けてきた自作自演、ヤラセ事件のほんの一部だ。あなたは、あきれ果てて、天を仰ぐしかないはずだ。

しかし、さらにあきれ果てるのは、これら真実をテレビや新聞といったメディアが、完全に隠ぺいしていることだ。クライシス・アクターの存在すら一切触れない。それは、彼らマスコミも、ユダヤ・マフィアに完全支配されていることの証である。

だから、新聞は読むな。

テレビは信じるな。

それは、朝日も読売も、フジテレビもＮＨＫも同じだ。もしもメディアに接するなら、何を煽ろうとしているのか？　何を隠しているのか？　それらを熟慮しながら、批判的に見ることだ。

［第3章］

〝かれら〟と軍産複合体が仕掛ける「戦争ビジネス」

いま目前に迫る〝ドローン・ウォーズ〟の脅威

空から突然、無人機が音もなく飛来して機銃掃射してくる。あるいは、ロケット弾を発射してくる。そんな光景を、誰が想像しただろう。

しかし、それはすでに現実のものとなっている。無人機ドローンの登場は、これまでの戦争のイメージを根底から変えてしまった。

今後、私たちが直面するのは〝ドローン・ウォーズ〟の脅威である。無人兵器に感情はない。戦争はこれまで以上に、無機的、無慈悲になっていくだろう。しかもその精度は人間をも上回る。冷酷非情で正確無比……そのような兵器が、これから戦場に大量、多彩に投入されるだろう。

これまで本書は、人類の歴史において戦争がいかに仕込まれ、仕掛けられてきたかをあばいてきた。ここからは、無人兵器が〝活躍する〟現代の戦争の姿を、できうるかぎり正確に把握していきたい。そして、ドローン・ウォーズの背後にひそむ思惑、誘惑、さらには策謀を明ら

もっとも代表的なドローン兵器、「プレデター」

かにしていこうと思う。

無人機の代表が、冒頭で紹介した「RQ－1プレデター」だ。製造は米ジェネラル・アトミックス社。この無人機の原型は、イスラエルで開発された。

一九七〇年代、航空技術者のエイブ・カレムは、無人機の有効性に着目、こう考えた。戦場で敵に気づかれることなく監視できる無人機が存在したら、軍事的に有用だろう。

カレムは米国に移住、会社を興《おこ》し、米軍部と共同でついに「プレデター」試作機を完成させた。

偵察を無人機で行なうメリットはなんだろう？偵察衛星は軌道を周回しているため、二四時間連続して特定の目標を監視することは不可能だ。有人高高度偵察機も、長時間の飛行に人間が耐えられない。敵に撃墜される危険もある。現に米軍の「U2型偵察機」がソ連ミサイルに撃墜され、国際問題となっている。

軍関係者は、無人機は「３Ｄ」に強いという。３Ｄとは、Ｄｕｌｌ（単調）、Ｄｉｒｔｙ（汚い）、Ｄａｎｇｅｒ（危険）。人間なら耐えられない状況も、ドローンなら問題ない。

さらにメリットは、機体が小型であること。全長、約八メートル、翼幅《よくふく》約一五メートル、高さ約二メートル。小型プロペラ機のセスナとほぼ同じサイズだ。高度を上げれば視認されにくくなる。

自重約五〇〇キロと軽く、セスナ機より低出力なのでエンジン音も小さい。三〇〇メートル上空でエンジンを絞ると、地上にはまったく聞こえない。少ない燃料で長時間飛行可能なのもメリットだ。

さらに無人のため、急激な方向変化が可能となる。人間には強い重力加速度（Ｇ）は耐えられない。しかし、無人機であればどんな俊敏な動きにも対応できる。巡航速度は時速一二〇～一六〇キロメートルと自動車並み。ゆっくりと飛行できるのは偵察機として強みとなる。

最大高度七六二〇メートル。燃料満タンで二四時間以上飛行でき、航続距離は三二二〇キロメートルに達する。改良型は四〇時間の連続飛行をクリアしている。つまり、狙いを定めたターゲットの上空をゆっくり旋回して、二四時間、監視を続けることができる。

そして〝獲物〟に動きがあれば攻撃モードとなり、急降下してピンポイントの必殺ミサイルを発射する……。

無人暗殺機「プレデター」はこうして生まれた

「イスラエルで生まれ、ボスニア紛争で姿を現し、アフガニスタンで敵を殲滅。地球の裏側のCIA本部で操縦、アメリカが密かに海外の領土で敵を暗殺しつづける『無人暗殺機』プレデター……」

冒頭でも紹介した、リチャード・ウィッテル著『無人暗殺機ドローンの誕生』には、「プレデター」の誕生秘話が描かれている。

彼はまず「戦争は発明の母である」と自慢気に書いている。彼は二二年間もペンタゴンの記者を務め、三〇年余も軍事問題の取材を続けてきたベテラン軍事ジャーナリストだ。だから軍部に批判的というより、称賛しがちになるのも仕方がない。しかし、それだけにビビッドな秘話が盛り込まれている。

もともと「プレデター」は、ハイテク偵察機として産声をあげた。その無人飛行を可能にしたのが、ＧＰＳ（グローバル・ポジショニング・システム）である。おかげで迷うことなく目的地に到達し、迷うことなく帰還できるようになった。

そこでボスニア紛争で偵察任務についたところ、めざましい成果をもたらした。

「ボスニアでの実戦配備・偵察飛行の実績により、もはや玩具ではないことが証明された無人機の効用。それに気付いた米軍内部は色めき立った」（同書）

この未来型偵察機を、陸・海・空軍が三つ巴《どもえ》になり争奪戦を始めたのだ。

ここから無人機は、急速な〝進化〟をとげる。

次に軍部が望んだのは、この無人偵察機に殺傷兵器を搭載することだった。つまり、〝ワイルド・プレデター〟の誕生である。このニューフェイスに注目したのが、「ビッグサファリ」の暗号で呼ばれる米軍の秘密航空隊である。

「００７に登場する機関銃付き自動車も顔負けの秘密兵器として無人機に注目した『ビッグサファリ』。『異常な愛情』と『オタク精神』で改良に乗り出す」（同）

それは無人偵察機を〝リモコン式〟殺人マシンに改造することだった。

「『見る』から『撃つ』への転換。潜伏するテロリストの監視だけでなく攻撃にも使用可能となりうる無人機。これを駆使すれば巡航ミサイルより安価で民間人の被害も減らせるはずだった」（同書）

それまで遠隔地の敵陣を破壊するには、巡航ミサイルが用いられていた。よく知られた「トマホーク」である。超低空をマッハに近いスピードで巡航して、ターゲットにヒットする。それよりも安価で精度の高い「プレデター」に、軍部の関心はシフトしていったのだ。

９・１１直前、攻撃型「ワイルド・プレデター」のミサイル発射実験は、すでに地上のスイカを粉砕するほどの精度を見せていた。

しかし、ドイツ軍部が異議を唱えてきた。「ドイツ国内にある米軍基地からの『プレデター』遠隔操作は、駐留米軍地位協定に違反する」というクレームだ。

「ならば、地球の裏側から撃て！」

これが答えとなった。

「ラングレー（ＣＩＡ本部）から操縦すれば、ノープロブレム。だが、暗殺ミサイル発射の引き金を引くのは、軍人かＣＩＡ職員か、それが問題になった」（同書）

戦争のスタイルが変わったので、従来のルールが当てはまらなくなったのだ。本来、戦争は軍人が行なう。ＣＩＡは諜報活動を行なう機関であり、戦争に従事する立場ではない。しかし、答えはアッサリしたものだった。

「どちらでもＯＫ！」

実際のところ「プレデター」は、ＣＩＡ本部のオペレーション・ルームで、ＣＩＡ職員が

〝操縦〟し、ミサイルのボタンを押している。ＣＩＡ職員は人を殺さない……というのは建前。もともと暗殺こそ〝かれら〟の重要任務だった。だから、建前をごみ箱に捨てただけの話だ。「無人機革命は、軍隊の形をも変えた。無人機の操縦者としてリクルートされ、そのための専門訓練を受けた『遠隔操縦航空機』オペレーターの数が、現在、急速に増加している。二〇〇九年八月、空軍は、今後一年間、無人航空機の操縦訓練を受けるパイロットを、従来型の航空機の訓練を受けるパイロットの数より増やす、と発表して専門家をあ然とさせた」（同書）

ドローン開発に血道を上げる〝死の商人〟たち

今後、ドローン兵器の開発競争がさらに激化することは間違いない。世界の兵器産業だけでなく航空機業界、さらには電機業界までもが、このドローン兵器市場に熱い視線を注いでいる。すでに米国では、毎年、世界最大規模のドローン展示会が開催されている。二〇一三年には、過去最高となる約六〇〇もの企業、研究機関が参加、新型モデルのドローンを競い合った。

そこでもっとも目立ったのは、各国からの軍事視察団である。メーカーが狙うおもなター

これが「プレデター」の"操縦室"だ！

ゲットも、民間ではなく軍事である。

無人機ドローンが戦場に配備されるようになったのは、米国の「テロとの戦い」がきっかけだ。テロリストが潜伏しているとされる地域の上空を飛行し、高性能カメラなどで捕捉する。最初は単純に偵察目的だった無人機も、たちまちミサイルなどの〝攻撃能力〟を備えるようになった。

メーカー関係者はいう。

「地上部隊を送り込むことが困難な地域でも、ドローンなら自由に侵入して、自在に攻撃できます」

砂漠の中東諸国や荒地のパキスタンなど、ゲリラがひそむ地域は、地上部隊による接近がきわめて困難な場所にある。しかし、ドローンなら苦もなく飛来し、難なく〝獲物〟を仕留めることができる。専門家は、そのほかの長所もあげる。

①操縦するのは、戦場からはるか離れた米国本土の基地
②衛星通信で無人機に、飛行や攻撃の指示を出せる
③遠隔操作のため、兵士の生命が危険にさらされない
④撃墜されても戦闘機より損失がはるかに少ない

元米空軍のデイビッド・デプトゥラ中将は、「もはやドローンなしの作戦は考えられない」と断言する。

「無人機ならば標的を何時間もかけて偵察でき、攻撃の直前まで監視できます。無人機を使えばさまざまな場面で大きな利点が得られるのです」

アフガニスタンで使用された「ハエ型ドローン」

ドローン兵器開発は、さらに進化している。

たとえば超小型「マイクロ・ドローン」。米空軍の公式報告にも、昆虫型ドローンが登場し

こんな“蚊ドローン”があなたを監視している？（Biology Forums）

ている。実用化が進んでいる何よりの証拠だ。

「アメリカ軍は、無人機偵察機の形の一つとして、実在する動物に擬態したロボットの開発を進めている。アメリカがこうしたロボットの開発を認めたのは二〇〇八年のことだ。しかし、前年の二〇〇七年には、アフガニスタンでの軍事行動に抗議するデモ隊の上を、蠅《はえ》のような〝虫〟が飛び交っていたことから、虫型ロボットが開発されているのではないか、との推測が流れるようになった」（竹内修『最先端未来兵器完全ファイル』笠倉出版社）

昆虫型ドローンの究極が、「スパイ・モスキート」と呼ばれる蚊型ドローンだろう。

虫メガネで拡大しても、本物と見分けがつかない。しかもよく見ると、注射針と小型カメラまでついている。

当初、米軍が最初に公開した昆虫ドローンは、ミツバチほどの大きさだった。任務はターゲットの建物内に侵入して、画像情報を得ることだという。しかしいまや、ミクロサイズにまで進化している。

さらに、詳細は公開されていないが、殺傷能力も進化している。おそらく、VXガスのような超猛毒を、注射針からターゲットに注入するのではないか。ターゲットは、蚊やハチに刺されただけとしか思わない。しかし、数分後には原因不明の苦悶に襲われ、死亡する。

二〇一七年、クアラルンプール空港で起こった金正男氏暗殺事件は、犯行の瞬間がしっかり監視カメラに映っていた。しかし、蚊やハチを偽装したドローンを使えば、まったく証拠を残すことなく暗殺をやり遂げることができる。

プレデターより凶暴な「グレイ・イーグル」

当初の偵察用プレデターは、対戦車・対艦用の破壊力を持つミサイル「ヘルファイア」などを装備して、攻撃型ドローンに〝進化〟していった。

「武装プレデターの試験機は、二〇〇一年一月から二月にかけ、ネバダ州米空軍基地とカリフォルニア州チャイナレイク海軍航空兵器開発基地で、（対地攻撃ミサイル）ヘルファイアGM－114の発射実験を行い、見事に成功した」（前出『最先端未来兵器完全ファイル』）

その武装プレデターも、目的に応じてさまざまな機種が開発され、戦場に投入されている。昆虫型ドローンとは対照的に大型化し、攻撃力がパワーアップされたプレデターが、「グレイ・イーグル」だ。

「二〇一〇年には、陸軍はすでに独自の〝派生型プレデター〟を所有していた。正式名称は、〝MQ－1C　グレー・イーグル〟。海軍と海兵隊は、〝無人ヘリコプター〟を使用していた。海軍は、ノースロップ・グラマン社製の高高度偵察無人機〝RQ1－グローバル・ホーク〟の海軍版の開発もおこなった」（白鳥敬『無人兵器 最新の能力に驚く本』河出書房新社）

この〝灰色の鷲《わし》〟は、すべての性能において初代「プレデター」を大きく上回る。翼幅一七メートル、全長九メートル。最高時速は約二倍の時速三〇九キロメートル。最大二六一キログラムの燃料、武器を搭載できる。

そして、四基のヘルファイア・ミサイルを搭載できる。ミサイルは全長約一・六メートル、重量約四キログラム。射程距離は八キロメートルに及ぶ。また、主翼を取り外し、胴体と一緒にケースに納めて、C－130大型輸送機で運搬することができる。だから、世界中どこでも短時間で配備可能だ。

この「グレイ・イーグル」には、さらに発展型がある。新型は二〇〇一年、二日間もの連続飛行記録を達成した。いまから一六年前の情報だ。だから、現代の無人機は想像を絶するほどに〝進化〟しているはずだ。

じつは本書で紹介しているのは、いってみれば〝古い情報〟なのだ。最新情報は軍や政府の超重要機密であり、一般公開するわけがない。実戦配備についても、重要機密となっている。

ドローンの〝操縦席〟はＣＩＡ本部にあった

それでは「プレデター」の〝操縦席〟は、どうなっているのだろう。

まず、操縦室のある場所に驚くだろう。バージニア州にあるＣＩＡ本部や、軍事基地などに設置されているのだ。米空軍のドローン部隊を統括しているのは、ネバダ州ラスベガス北西に位置するクリーチ空軍基地だ。

操縦は、オペレーション・ルームのモニター画面によって行なう。パソコンのフライト・シミュレーションゲームを想像すればよいだろう。

「プレデター」のパワーアップ版、「グレイ・イーグル」

座席の前には、各種情報を映すモニターが何台も設置されている。機体の操縦を行なうパイロットは左側の操縦席、右側の席にはカメラなどを操作するセンサー・オペレーターが座る。旅客機の操縦士と副操縦士のような関係だ。

目の前のモニター画面には、「プレデター」のカメラがとらえた風景が映っている。そこに重ね合わせるように、機体の姿勢、速度、高度などがディスプレイされている。

機体の操縦は簡単だ。ゲームで行なうように、ジョイスティックを前後左右させてコントロールする。センサー・オペレーターも同様にジョイスティックを操作し、カメラの向きを変えてターゲットを監視する。まさに、テレビゲームの世界だ。

そのほか、一機の「プレデター」を維持するには、整備、装備、メンテナンスなどが必要で、チームは総勢八〇名ほどにのぼる。

中東やアフリカの紛争地域の上空では、いま現在も「プレデター」をはじめとする無人機が数多く飛び交っているとされる。ターゲットの頭上わずか六〇メートルの低空から、あるいは六〇〇〇メートルを超える高空から、二四時間、三六五日、ターゲットを狙い続けている。

しかし、その数と場所は最重要軍事機密だ。

「プレデター」が撮影した映像は、リアルタイムでクリーチ空軍基地や、バージニア州のCIA本部や、同州のペンタゴンなどで見ることができる。つまり、米軍部ににらまれたら、もはや地球上に逃げ場はない。

〝空の殺し屋〟が罪なき人々を襲っている

未来兵器ドローンは、急速な進化をとげて、すでに〝現実兵器〟として全世界の戦闘地域に実戦配備されている。ところが、このドローンを監視、規制する法律、条約は皆無に等しい。

国際社会ではいま、従来の兵器同様、これら無人兵器にも戦争法の枠組みで一定の規制をかけるべきだ、という声があがっている。

二〇一三年一一月には、初のドローン兵器に関する国際協議がスイスで開催された。しかし、「攻撃判断を機械が行なう」完全自律型ドローンは高度なテクノロジーが必要で、現時点での実現は困難との意見が出され、具体的な規制案は見送りになっている。つまりは、ドローン兵器で巨大利益をあげている国際武器マフィアの圧力に、規制案がつぶされた形だ。

これら兵器産業の元締めは、いうまでもなくロスチャイルド、ロックフェラー両財閥である。つまり、ドローン兵器市場も、まさにユダヤ・マフィアの手の内にあるのだ。だから規制する動きがあれば、巧妙に潰す。それもまた、〝かれら〟の常套手段なのだ。

こうして、〝空の殺し屋〟たちは、紛争地域の上空をわが物顔で飛び回り、罪のない民間人を殺傷し続けている。母親をドローン攻撃で殺された、パキスタンのラフィーク・ウル・レフマンさんの悲劇はその典型だ。そのとき、彼の息子、娘も近くにいて大怪我を負った。娘のナビラさんは、こう訴える。

「無人機の音がすると、怖くて何もできない。遊びにも行けない。いつも、ビクビクしている……」

二〇一六年八月、ワシントンで開かれた米陸軍高官の講演会で、ハプニングが起こった。壇上の軍幹部が〝無人機ドローンの重要性〟を講演していたそのとき、突然、会場でひとりの女性が叫んだのだ。

「ドローンが、子どもたちを殺しているのよ！　何千人もの血が流れているのよ！」

米国民も、地球の裏側で米軍がどんなに残虐なことを行なっているか、気づき始めている。

民間人を巻き添えにする。それは、もはや戦争ではない。

米国という国家による新たな残虐テロである。

一六〇〇人を殺したパイロットの告白

人類史になかった新たな戦争、ドローン・ウォーズは、さらなる犠牲者を生み出している。

それは、当のドローン・パイロットたちの〝心の傷〟だ。

元米空軍兵士だった彼は、ドローン・パイロットとして勤務していた。

「奇妙な生活でした。一二時間、いわば戦場にいて、そのあと街に出て、ハンバーガーを食べたり、恋人に会ったり、パーティーに行ったりするんですから」

彼には、頭にこびりついて離れない任務があるという。

ドローンのカメラが、三人のターゲットが建物に入るのを映した。彼はミサイル発射ボタンを押した。その直後、画面の中に建物に向かって走ってくる小さな人影が見えた。ミサイル命中。建物ごと爆発、吹き飛んだ。

「男の子か女の子か、わかりませんでした。でも上官からは犬だと言われました。胸がむかむかして、気分が悪くなりました。心が傷つきました。犬だなんて、うそだったんです」

彼は、良心の呵責《かしゃく》に耐えきれず、軍を辞めた。

「上官からは、五年間の任務で殺した人数は一六〇〇人を超えたと告げられました」

彼は、ドローン・パイロットの現状を告発する。

「無人機の操縦者はすべてを目撃しますが、爆発音を聞くこともなく、興奮することもありません。聞こえるのはコンピューターの音と、同僚の息遣いだけです。無人機での攻撃を繰り返すうち、私は無感覚になっていました」（以上、「クローズアップ現代」ウェブサイト）

たったひとりのドローン・パイロットが、一六〇〇人以上を殺していた……。しかも〝任務〟のあと、ハンバーガーを食べたり、パーティーで談笑したりしている。地球の裏側では、そのパイロットが押したミサイル発射ボタンで、民間人が粉々に爆殺されているのに。

こんな戦慄の証言もある。

「最初のターゲットはテロリストの幹部ですね。ブラックリストに載った、素性の分かった人をターゲットにしてたわけですね。でもそれだけでは対テロ戦争は終わらないわけで、中間から末端のテロリストを攻撃せざるをえない。その場合には、標的が誰かということよりも、テロリストが取るであろう行動・ふるまいをしていれば、テロリストだという推定をするわけですね。ですから、道路に穴を掘ってたら、それは恐らく路肩爆弾を設置しているだろうと、それは水道工事であっても、そういった見なしをされるわけですね」(同番組)

水道工事をしている人間を、勝手に「爆弾を設置しているテロリスト」と決めつけて、殺戮ミサイルを発射するのだ。これでは、民間人の犠牲者が増えるのも当然だ。

畑仕事をしていただけで無人機からミサイル攻撃された老女も惨劇の一例だ。

「女性の方がしていた畑仕事っていうのは、恐らく道路沿いの畑仕事をしていたのを、路肩爆弾を設置しているのではないかとアメリカが錯覚したんじゃないでしょうか」(同番組)

解説によれば、運動場で二〇～四〇代の男性たちが跳躍運動をしていると、無人機は〝テロリストのキャンプ場〟と勝手に判断する。部族の集会でも、人が数人集まれば〝テロリストが集会をしている〟とみなされる。

外交問題評議会(CFR)のミカ・ゼンコー氏によれば、米国はこれまで五二二回のドローン攻撃を行ない、三八五二人を殺害した。そのうちの四七六人が、無実の一般市民だという。

しかし、民間のNGO(非政府組織)団体は、この見積もりはあまりに低すぎると批判している。

彼らによれば、誤爆は九割にも達するというのだ。これは、もはや戦争ではない。大量殺戮（ジェノサイド）でしかない。

ちなみに、ワシントンにあるスミソニアン航空宇宙博物館には、現役を退《しりぞ》いた「プレデター」が天井から吊り下げられ、展示されている。

その〝戦歴〟は、滞空時間、二七八〇時間。うち二三三八時間は、アフガニスタン上空で実戦配備。遠隔操縦したパイロットは延べ一〇人以上。この無人機が地上に向けて発射しまくったミサイル「ヘルファイア」の数は記されていない。しかし、一〇〇〇人を超える民間人が、この〝捕食者〟の餌食となったのは間違いないだろう。

この栄《は》えある展示式典で大将をはじめ空軍のお歴々は、銀色胴長の不格好な機体を「エルヴィス！」と称《たた》え、乾杯した。いうまでもなく不滅のスター、エルヴィス・プレスリーになぞらえたのだ。さらに別のひとりは、「これこそ、航空史上の傑作！」と高々と杯《さかずき》を掲げた。

「確かにそうだった。この細長い翼と団子鼻の機首と、上下逆向きの尾翼を持った奇妙な飛行機は〝世界を変える〟という類い稀なることをやってのけたのだ……」（前出『無人暗殺機ドローンの誕生』）

ドローン兵器にひそむ「一〇の恐怖」

今後、ドローンがさらに普及することで、恐怖と悲劇はますます深刻になっていくだろう。

ドローン兵器の問題点について、本章の最後にまとめておきたい。

① 〝戦争誘惑リスク〟が高まる

ドローンによって、自国の兵士や市民を戦火にさらす必要がなくなる。このメリットから、国家にとって〝戦争の誘惑〟が高まる恐れがある。

これまでの戦争では、相手国に対しての宣戦布告は自国の軍隊の人的・物的な犠牲を覚悟することを意味した。ところが、ドローン攻撃なら人的被害はゼロとなる。それでいて相手を正確に攻撃できる。

その〝誘惑〟は、戦争勃発の危険を飛躍的に高めるだろう。

②〝宣戦布告なき戦争〟が蔓延する

従来の国家間の戦争は、宣戦布告により開戦、降伏により終戦となる。それが、国際法・国際条約によって締結されていた。

ところが、現在行なわれている無人兵器ドローンによる攻撃は、宣戦布告どころか対象国すら定まっていない。現に、アフガニスタンやシリアなどの人々は、宣戦布告なき戦争状態に追いやられ、突然のドローン襲撃で命を落としている。それこそ、まさに〝無差別テロ〟だ。

明日は我が身となりかねない。

③戦闘地域と生活地域の区別がなくなる

昔の戦争には戦場があった。しかし、ドローン・ウォーズには限定された戦場は存在しない。これは、戦闘地域と生活地域の境界がなくなることを意味する。つまり、平和な生活を送っている場所に、突然ドローンが飛来して殺戮をくり返す。それは、すでにアフガニスタンなどで日常的に起こっている惨劇である。

④ゲーム感覚で大量殺戮が日常化する

現在、ドローンの操縦は地球の裏側で行なわれている。スクリーンを見ながらの操縦は、まさにテレビゲームそのものだ。

目前で相手兵士を殺害するとなると、感情的な躊躇《ちゅうちょ》が生まれる。しかし、その心理抑制はドローン・パイロットには働かない。人を殺戮しているという感覚が失われる。よって、大量殺戮が日常化する。それは、すでに起こっている悪夢だ。

⑤「AIドローン」で、さらに殺戮は加速

人工知能を搭載したドローン兵器は、すでに登場している。顔認識（FR――フェイス・リコグニション）などで敵・味方を識別し、勝手に攻撃する。

もしAIが「味方以外はみんな敵」と誤認すると、殺戮が猛加速する恐れがある。

⑥非戦闘員、民間人の犠牲が激増する

すでにシリア、アフガニスタンなどで、民間人の犠牲が激増している。米国政府は、テロとの戦いに「一定の犠牲はやむを得ない」という恐るべき見解を表明している。

⑦新兵器の〝実験場〟として戦争を捏造

ベトナム戦争は、ナパーム弾など新型兵器の〝実験場〟だった。新型兵器には、実戦テストが不可欠だからだ。ドローンの実験を目的として、ドローン・ウォーズが仕掛けられる恐れがある。

⑧関連特許を軍事産業が独占する

「戦争は発明の母」という悪魔的な言葉があるように、軍事技術が民間に転用された例は多い。インターネット、GPSなどはその典型だ。血税による国費を大量投入した研究に、民間は太刀打《たちう》ちできない。そして、関連特許による知的所有権で、軍事企業は莫大な富を独占的に入手する。他方、軍事費増大のため膨大な血税がつぎ込まれ、国民生活は窮乏する。

⑨地球丸ごと〝超監視社会〟となる

ドローンの多くは、もともと偵察・監視を目的として開発されてきた。コンピュータ、人工知能、情報網の驚異的な発達に加えて、ドローンの監視網まで強化されると、地球は丸ごと〝超監視社会〟となる。個人のプライバシーは侵害され、〝かれら〟の狙う人類の家畜化が進む。

⑩AI兵器が制御不能となる恐怖

これは最悪の未来図だ。映画『ターミネーター』の戦慄が現実のものになりかねない。原発と同じく、ＡＩ兵器も制御不能による暴走リスクを秘めている。

このように、ドローンをめぐる未来は悪夢そのものだ。しかし、この戦慄の未来図に気づいている人は皆無といってよい。一般大衆は不況下、過酷な労働に追われ、くたびれ果て、テレビの娯楽番組をぼんやり見て、力なく笑いながら一日を終えている。

しかし、疲れていても、怖くても、身のまわりに迫る危機を見つめるべきである。われわれの血税は何に使われ、われわれの未来はどうなるのか？　子どもや孫たちの未来はいったいどうなるのか？

われわれは直視し、そして声をあげなければならない。

［第4章］

蚊ドローン、アンドロイド兵士——暴走する兵器開発

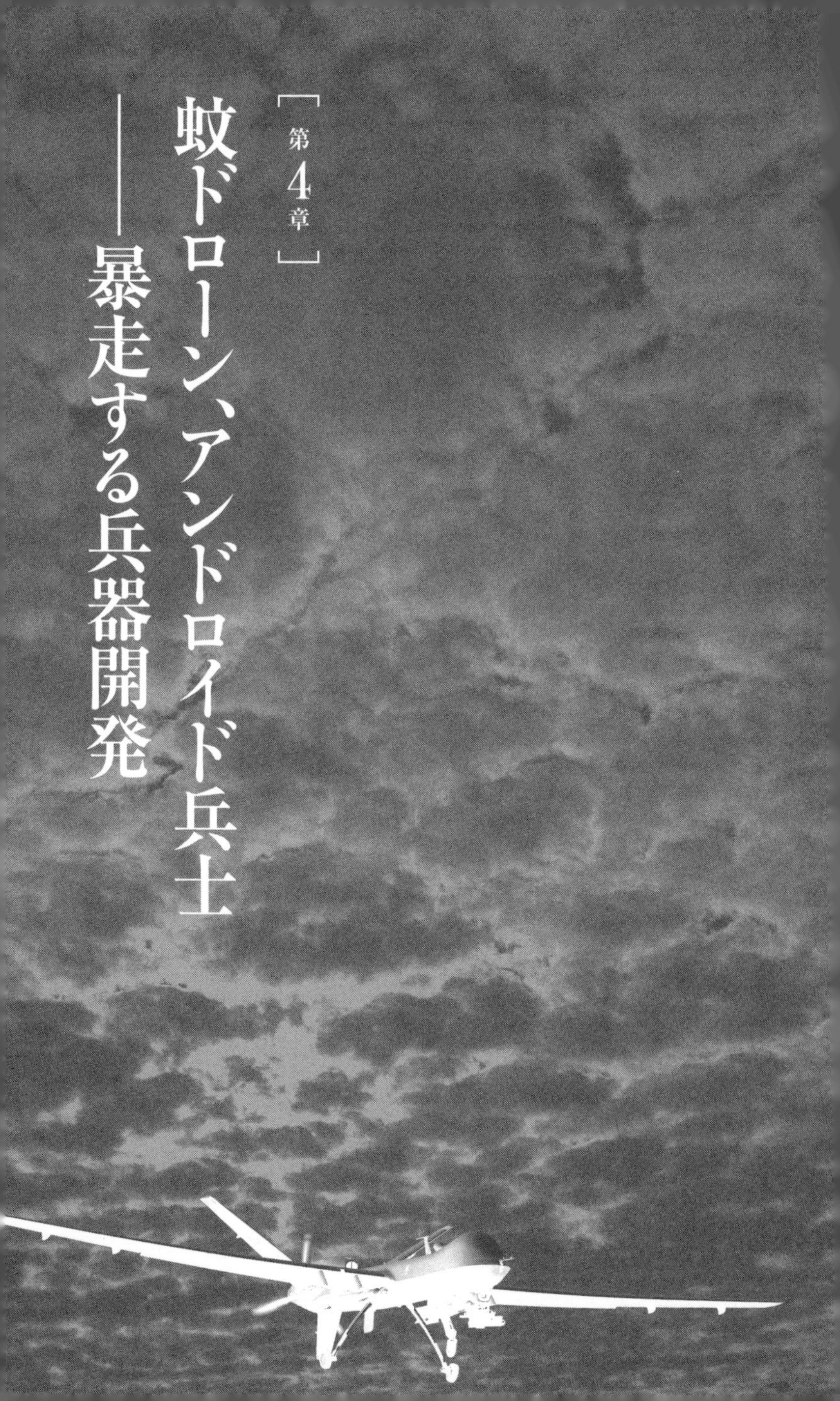

〝蚊ドローン〟があなたを監視している

蚊と同じサイズのドローンが、実際に存在する。

通称、〝スパイ・モスキート〟。どう目を凝らしても蚊にしか見えない（写真九五ページ）。しかもそこには、注射針と極小カメラが内蔵されている。〝スパイ・モスキート〟の前では、プライバシーなどなきに等しい。

「ターゲットを監視するだけでなく、皮膚にとまってDNAサンプルまで持ち帰るという。本人の体にとどまって監視できるわけで、これが究極の監視ロボットといえるだろう」（前出『無人兵器 最新の能力に驚く本』）

これだけの性能を持つドローンを開発するには、莫大な研究・開発費がかかる。いったい誰がその金を出しているのか？

それは米国防高等研究計画局、通称「DARPA《ダーパ》」だ。ペンタゴンに所属する機関で、あらゆる新兵器の開発を担っている。蚊ドローンも、DARPAの管轄下で開発が進められている。

さらにＤＡＲＰＡでは、民間企業との共同研究も進められている。「プレデター」も、イスラエルの研究者が設立した企業とＤＡＲＰＡが共同開発したものだ。

また、大学との共同研究も進められている。いわゆる「軍学共同」だ。

「虫型ロボットは、アメリカのハーバード大学でも開発されている。素材に炭素繊維を用いた、重量わずか九グラムのこの虫型ロボットは、アメリカ陸軍が公開した蚊型ロボットと同様、はばたきによって飛翔するもので、形や大きさが相似していることから、両者になんらかの関係があるのではないか、という声もある」（前出『最先端未来兵器完全ファイル』）

これら、昆虫型ドローンに不可欠なものが三つある。

ひとつは、超ミクロコンピュータ。

次に羽ばたきを起こす動力。超ミクロモーターを搭載する必要がある。

最後は動力源。つまりバッテリーだ。長く飛ぶには、それだけ高性能な超ミクロバッテリーが必要だ。しかし、蚊ほどのドローンに、どうやってバッテリーを搭載するのか？　実用化には、バッテリー開発が課題となる。

しかしすでに二〇〇七年、アフガニスタンのデモ隊上空を〝ハエ型ロボット〟が乱舞していた……とされる情報を思い起こしてほしい。それは、超ミクロバッテリーで駆動していたのだろう。

「ハチドリ・ドローン」は〝一羽〟九億円！

一方、すでに確実に実用化されているのが、鳥型ドローンである。インターネットで動画を見ることもできる。

それは、鳥の中でもっとも小さな「ハチドリ」を模している。元気いっぱいで自由自在に飛び回るさまは、まさにハチドリそのもの。小さな穴や、木立《こだ》ち、狭いすきまにも、難なく入り込むことができる。

このような〝羽ばたきロボット〟は、「オーニソプター」と総称される。しかし、ロボットだと気づく人は皆無だろう。

鳥型ドローンの主要任務は、偵察である。ターゲットを定めると、電線や木の枝に止まって動向を監視する。超小型カメラを搭載しているので、ターゲットの動きは手にとるようにわかる。当然、クローズアップも自由自在。より近くで監視したければ、ハチドリのようなホバリング（空中停止）でターゲットの近くを旋回する。

相手にしてみれば、スパイ・ロボットだとは夢に思わない。「かわいい小鳥が窓辺に来た！」などと、喜んでいる場合ではないのだ。

ハチドリの英語名は「ハミング・バード」。それをそのまま名称にした鳥ロボットだ。開発しているのは、米国のエアロ・ヴァイロメント社。

「ハミング・バード」は、ＤＡＲＰＡの依頼によって開発された。基本コンセプトは米軍部によるものなのだ。

“ハチドリ・ドローン”――これがなんと九億円！（Phys.org）

全長一五センチ。体重二〇グラム。最高時速は一八キロメートル。最大飛行時間は一一分。ハチドリの生態や動作を、そのままキャプチャーしている。操作は「プレデター」と同様、離れた場所でモニターに映し出された映像を確認しながら、コントローラーで操縦する。
見た目はかわいいハチドリのオモチャそのもの。しかし、その〝一羽〟あたりの値段を知ったら、あなたは驚倒するだろう。なんと、八〇〇万ドル。日本円で約九億円……！

腰を抜かすとはこのことだろう。いかに、高価な先端技術が集約されているかがわかる。そして、いかにドローン・ビジネスが巨利を生む打ち出の小槌《こづち》かもよくわかる。

「カブトムシ型」は自爆して敵を殺す

ハチドリよりさらに小さく、蚊ドローンより大きい。それがカブトムシ型ドローンだ。見た目は一見、かわいいカブト虫。それが遠隔操作で指令を受けるや、羽音を立ててターゲットの建物に忍び込む。ハチドリのようにホバリングも可能。ドアが開くまで空中で待機するなど、細かい操作でターゲットを逃がさない。

このカブトムシ型ドローンは、集団で飛ぶことも可能だ。実際のデモンストレーション映像では、三機のドローンがターゲットの部屋に向かっていく様子が撮影されている。そしてドアのすきまから侵入し、窓から外をうかがうテロリストの背後に忍び寄り、自爆して相手を殺害する。

昆虫ロボットならぬ、「昆虫そのものをロボット化する」。そんなウソのような計画も進められている。

まさか……と、笑うなかれ。昆虫の背中にコントロール装置を装着し、その神経系を制御する。すると、こちらの意のままに動かすことができる。

本物のカブトムシを使った「ドローン」
(Nanyang Technological University Singapore)

写真は、三センチほどのカブトムシにコントロール装置を埋め込んだ例。背中に爆弾を背負わせ、敵陣に忍び込ませて爆発させるという。

カブトムシにとってはえらい迷惑だろう。「そこまでやるのか！」とあきれる。

さらには、昆虫や鳥を偽装していない超小型ドローンもある。

ニックネームは「ブラック・ウィドウ」。黒い未亡人……不気味な名前だ。

一九八六年から、DARPAがエアロ・ヴァイロメント社と共同開発。目的は、上空を飛行しながら地上を偵察すること。超小型カラービデオカメラが搭載されており、リアルタイムで映像を送信する。

手のひらに乗るサイズで、重さはわずか八五グラム。後方には小型モーターと、プロペラがついている。オモチャ屋に置かれていたら、商品にしか見えない。

この「ブラック・ウィドウ」を、兵士や諜報員はキャリーバックに入れて持ち運ぶ。目的地に着くとひそかに離陸させ、上空からターゲットを捕捉する。二五〇メートルの高度を飛行するので、地上からは点にしか見えない。気づく人は皆無だろう。

飛行時間は約三〇分間。目的を終えたら回収して、何ごともなかったかのように引き上げる。まさに、スパイ映画のワンシーンだ。この偵察ドローンは、一九八〇年代後半にはすでに完成していた。つまり、その後の戦場で実戦配備されていたとみて間違いない。

UFOの正体は偵察用ドローンだった？

次の写真は、現在のドローンの原型ともいえる「CL－227センチネル」だ。

一九七八年、カナダのボンバルディア社の軍用機部門が開発。見かけのとおり、愛称は「フライング・ピーナッツ」。くびれた腰の部分のプロペラで上昇する、無人垂直離着陸機だ。高

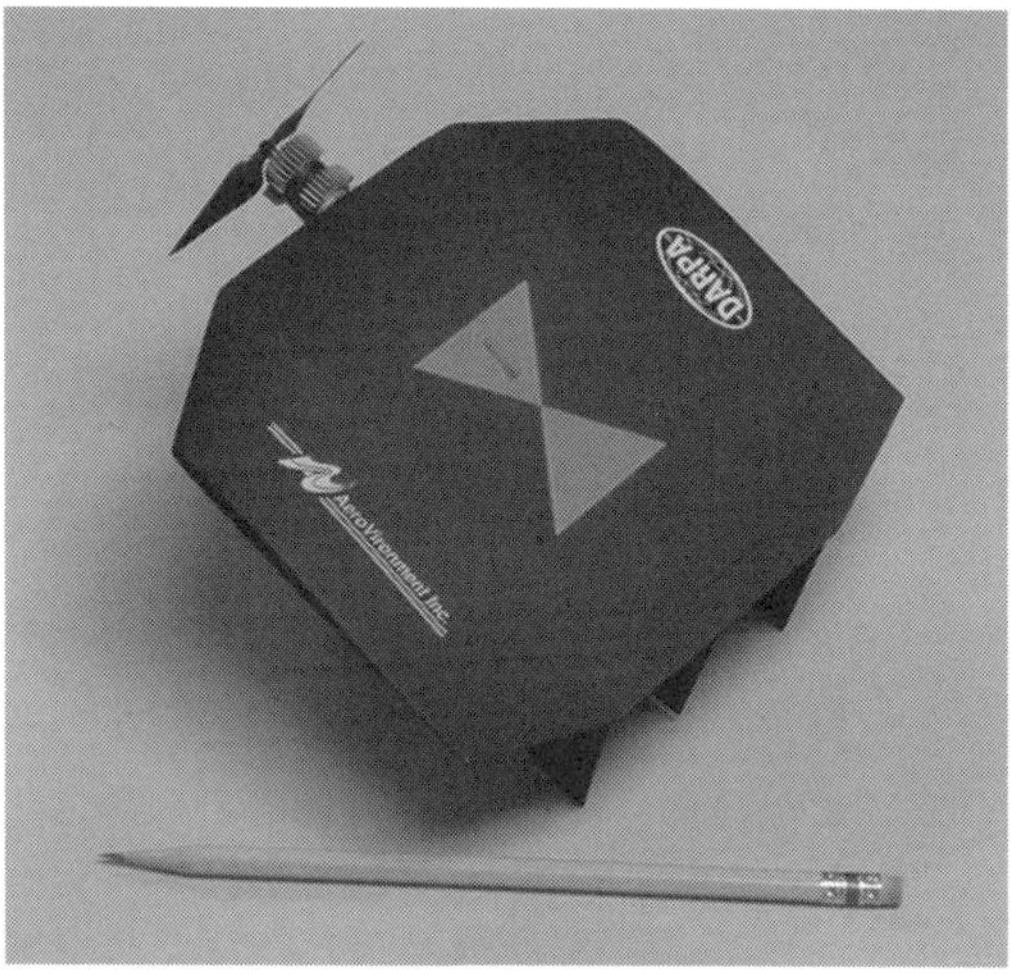

「ブラック・ウィドウ」(Defense Update)

奇妙な形の「CL-227センチネル」

さ一・八メートル。重量一九〇キログラム。速度は時速一四八キロメートルとけっこう速い。航続時間は三時間。地上から無線操縦するが、自律飛行も可能だ。素材には複合材が使われ、レーダーにも捕捉されにくい。つまりステルス性がある。

任務は地上や海上の監視である。これまでヘリコプターが行なってきた偵察、パトロールなどの任務をこの無人機が行なう。

同じ目的で開発された偵察ドローンに、「ゴールデン・アイ」というものもある。プロペラは機体の中に隠れている。幅三メートル、高さ一・六五メートル。重さは一〇四キログラムと意外に軽い。これで時速二二二キロメートルとは、すごい速さだ。

航続時間は三時間。垂直離着陸なので滑走路はいらない。どんな荒れ地でも離着陸できる。米オーロラ・フライト・サイエンス社によって、二〇〇〇年ごろから開発され、すでに実戦で使われている可能性がある。

実際に戦場で活躍している小型偵察ドローンの代表が、「RQ-16」。米ハネウェル社によって開発され、すでに二〇〇〇年代から使用されている。

愛称は「マイクロ・エア・ビークル」(MAV)。重さは七・七キログラムと軽量だ。高度一七〇メートルで、四〇分間も飛行可能。戦場では目標上空でホバリングし、敵の動きを逐一、映像などで地上に送信する。

相手の動向を探る偵察やパトロールは、戦場において不可欠の任務だ。その任務を、近代戦ではヘリコプターや偵察機が担った。そして現代では、偵察衛星が宇宙から監視している。しかし偵察衛星には、ピンポイントの偵察、監視は不可能だ。そこで、偵察ドローンが活躍しているのだ。むろん、彼らは隠れた存在で、決して表に出ることはない。しかし、ニュースで流されるような戦争では、必ずその上空に小型偵察ドローンが音もなく浮かんでいると思うべきだ。

ちなみに、相変わらず全世界でＵＦＯ（未確認飛行物体）の目撃情報が相次いでいる。その中には、これら偵察無人ドローンを見誤ったものも多いかもしれない。

たしかに偵察ドローンは奇妙な外観をしており、ひとつの場所にホバリングしているかと思えば、突然、向きを変えて急速に飛び去る。まさにＵＦＯの動きそのものだ。そして、ドローンの配備は軍事機密とされ、われわれに知らされることはない。

怪しい飛行物体を見たら、ドローンの可能性を疑うべきだ。

小型ドローンの大群が襲いかかる！

ドローンを群れで襲来させる。これを、「ボイド作戦」と呼ぶ。

敵を発見すると仲間を呼んで、集団で攻撃を仕掛ける。このように動物の群れに似た戦法をとると、そうでない場合に比べて勝率が六一％も上がるという。たとえ低機能な小型ドローンでも、大群で敵に襲いかかれば強大な攻撃力となるのだ。

ドローンは簡単な命令で群れをつくることができる。イナゴの群れのように何十、何百もの超小型ドローンが襲いかかる。まさにSF映画の一場面だ。

しかしそれは、すでに米軍の作戦として存在している。二〇一六年一〇月、ペンタゴンは一〇三基もの超小型ドローンを編隊飛行させる、という世界初の実験に成功した。

そのドローンの名称は「パーディクス」。大きさは三〇センチ×一六センチ。重さはわずか二三〇グラム。二〇一三年、マサチューセッツ工科大学（ＭＩＴ）が開発した。

実験では、カリフォルニア州チャイナレイク上空で、三機のホーネット戦闘機が一〇三個の

「ゴールデン・アイ」(Space Daily)

「RQ-16」垂直離着陸の瞬間

「パーディクス」を投下。バラバラに落下する「パーディクス」は、落下しながら自律飛行を開始。中央司令部からの指令のもと、おたがいに通信し合いながら群れを完成させた。

われわれは、鳥や魚が群れとして集合し、ひとつの生き物のように行動するさまをよく見る。「パーディクス」は、まさにその動物の群れとそっくりの行動を見せたのだ。しかも、おたがいぶつかることなく、自在に飛行することに成功している。

ペンタゴンは、次は一〇〇〇機規模の「パーディクス」の編隊飛行を目指している。もはや、現実はSF映画を超えている……。

この群れをつくる性能は、地上や水中でも応用できる。実際、海軍もこうしたドローン編隊を開発しているのだ。米海軍研究所(ONR)が公開した資料によれば、作戦名は「LOCUST」構想。「イナゴ」という意味と、「低コストでドローンを大量発生させる技術」の頭文字をかけている。

軽量かつ高性能の使い捨てドローンを、戦場の最前線に向けて発射する。ドローンの名称は「コヨーテ」。細い筒状の機体に、折りたたまれた翼とプロペラがついている。一機の重量は五キログラム。駆動時間は一時間。最高速度は時速一四〇キロメートルと半端ではない。

発射装置から三〇機もの「コヨーテ」が発射される。一〇台の発射装置なら、三〇〇もの「コヨーテ」が戦場を舞うことになる。

「コヨーテ」は、発射してすぐに翼とプロペラを出し、飛行形態へと変身。自律飛行でおのおの目的地へと向かう。敵を確認すると、いっせいに襲撃する。夜間なら、敵を照明で照らし続けて、逃げ場を封じる。

そのほか、遠くの戦艦から発射されたミサイルを誘導するなど、さまざまなミッションを自在にこなし、敵を執拗に追いつめ、狩り続ける。

なるほど、「コヨーテ」とは、よくぞ名づけたものだ。

戦場を疾走するロボット犬「アルファ・ドッグ」

ロボット化されているのは、昆虫や鳥だけではない。

なんとＤＡＲＰＡは、犬までロボットにした。それが「アルファ・ドッグ」だ。いわゆる四足歩行型ロボット。実際に「アルファ・ドッグ」が歩いている動画を見たが、歩き方は犬そっくり。遠くから見れば、頭のない太めの犬に見えるだろう。なんとも愛嬌のある格好だ。ネットでも「キモかわいい！」と話題になっている。ぜひ検索してみてほしい。

四本脚なので、動物のようにどんな地形でも軽々と歩く。階段をふくめ、特殊な地形への適応能力が高い。安定性も抜群だ。人間が力いっぱい押し倒そうとしても、びくともしない。

すでに二〇一二年、米海兵隊で実用試験が行なわれ、部隊では非常に好意的に受け入れられている。つまりは、すでに実用化されているのではないか？

「アルファ・ドッグ」はＤＡＲＰＡの依頼で、ボストン・ダイナミクス社が開発した。同社はそれまでに四足ロボット「ビッグ・ドッグ」を完成させている。「アルファ・ドッグ」は、その進化版だ。

操縦は、コントローラーと音声によって行なう。「来い！」とか「伏せ！」というと、そのとおりに反応する。さらに、認識させた兵士には、トコトコどこまでもついてくる。こうした〝飼い主〟に従う機能は、まさに犬そのものだ。

ちなみに、小型の「リトル・ドッグ」も開発されている。こちらは俊敏な動きが本物の犬そっくり。遠目には、犬が走っているとしか見えない。毛皮を着せたら、見まがうことのない〝犬〟となる。

なぜ、ここまで動物の動きをリアルに再現できるのか？　おそらく犬の骨格と筋肉の動きをキャプチャー（入力）してコンピュータにとり込み、それを人工骨格と筋肉に置換したのだろう。だから、犬そっくりの動きを再現できるのだ。

これに比べれば、日本のロボット技術はまだオモチャのレベル。ホンダが開発した「アシモ」君などヨチヨチの二足歩行で、サッカーボールを蹴っただけで観衆は拍手喝采。こちらの「リトル・ドッグ」は、山野を犬そっくりの動きで俊敏に疾走する。レベルのケタが違う。

では、どうしてＤＡＲＰＡは、このようなロボット犬を開発したのか？　それは、荷物の運搬のためである。昔の戦争では、その役目を馬が担っていた。つまり、軍馬の働きをロボットにさせる。

見かけは愛らしい「アルファドッグ」

私はそれが開発目的と知って驚いた。戦争とは、つまりは「兵站《へいたん》」である。

「作戦軍のために、後方にあって連絡・交通を確保し、車両・軍需品の前送・補給・修理などに任ずる機関・任務。ロジスティックス」（『広辞苑』岩波書店）

ひと言でいえば「補給」である。補給なき戦争はありえない。補給、つまり兵站が途絶えたら、その時点で敗北なのだ。

ところが、かの太平洋戦争の南方戦線では、大日本帝国司令部は「食糧は現地調達」という仰天の命令を下した。だから、南方諸島に送り込まれた日本兵の〝戦死〟の大半は餓死だという。正気の沙汰ではない。完全に狂っていたのだ。

それに比べれば、ＤＡＲＰＡの発想はじつに〝合理的〟と感心するしかない。ロボット犬に荷物を運ばせることで、しっかり兵站を確保する。つまり、戦争とはシステム的連携プレイであることを熟知しているのだ。

なぜ「動物型ドローン」が〝素晴らしい〟のか?

これまで、軍隊で物資輸送を担っていたのはトラックだった。しかし、敵に道路や橋を爆破されたら、そこで立ち往生となる。

道路以外の輸送となると、キャタピラ式しかない。実際、キャタピラ式ロボットも開発されてきた。しかし、この方式には限界がある。福島第一原発事故で、内部を観察するためにキャタピラ式ロボットが送り込まれたが、階段で立ち往生してしまった。キャタピラは、このようなデコボコに弱い。ましてや、険しい岩山や森林などはお手上げである。

そんな山あり谷ありの戦場では、昔ながらの軍馬やラバに頼るしかない。それは第二次大戦中でも同じだった。結局、ロボットの移動方式としてもっとも優れているのは、動物と同じ多脚構造なのだ。

森林伐採用ロボットもそうだ。名称は「ティンバー・ジャッカー」。北欧では、すでに一九九〇年代から導入されている。

「ティンバー・ジャッカー」は、操縦者が乗り込んで、中から操作する六脚ロボットだ。人間六〇人分の伐採作業を、たったひとりでこなすことができる。ヨーロッパの木材が安価なのは、この産業ロボットの活躍に負うところが大きい。

ちなみに日本の山では、いまだに〝与作〟が伐《き》っている……。かなうわけがない！

この「アルファ・ドッグ」の利点は、四本脚なので、急勾配や人跡未踏の難所でも重い荷物を背負って黙々と歩けることだ。さらに、生き物でないのでエサやりの心配もない。排泄もしない。

自重は五六七キログラム。背負える荷物は、最大一八〇キログラム。歩兵の荷物の搬送のほか、負傷した兵士の護送も期待されている。連続稼働時間は二四時間。歩く速さは、時速一六キロメートル。これは意外に速い。人間でいえば自転車と同じくらいのスピードだ。

「アルファ・ドッグ」は、厳冬の凍《い》てついた氷上でも、滑ることなく荷物を運ぶことができる。それでは万が一、倒れたらアウトか？　そうではない。馬と同じく、自分で立ち上がることができる。見かけは不格好だが、じつに高度な姿勢制御機能を備えている。

さて、「アルファ・ドッグ」の目の前に、山積みのブロックが現れたとする。さあ、どうする？　なんと「アルファ・ドッグ」には、頭の部分に一本の長いアーム(腕)が装備されている。そのアームを伸ばしてブロックをつかみ、脇に放り投げて、進路を確保する。

四足ロボットは〝犬〟だけではない。〝ゴリラ〟もいる。これはドイツで研究開発されている「アイストラクト」というロボットだ。

両手を踏ん張ったゴリラを思わせる勇姿。ドローン・ウォーズの〝歩兵〟たちは、このような姿で襲ってくるのかもしれない。

人間そっくりのロボット兵士「アトラス」

ロボット犬に驚いている場合ではない。

すでに、本物の「ロボット兵士」も完成している。子どもならずとも、「カッコイイ！」と声があがりそうだ。しかし、これはオモチャではない。れっきとした〝兵器〟なのである。

つまり、殺人を最大の目的としていることを忘れてはならない。

このロボット兵士「アトラス」は、ＤＡＲＰＡの委託を受けて、ボストン・ダイナミクス社が開発中だ。同社は「アルファ・ドッグ」開発でも知られる。

「アトラス」は、究極の二足歩行ロボットといえる。つまり、人間型ロボット（ヒューマノイド）だ。身長一八八センチメートル、総重量一五〇キログラム。なかなかの体格である。二八個の油圧制動関節を持ち、起伏の激しい複雑な地形でも安定した二足歩行を行なう。それらを可能にするのが、「アトラス」に搭載されたコンピュータだ。

その映像を見て驚嘆した。歩行どころか、走ることもできる。両腕を振って走る姿は、まさに人間そっくり。軍服を着せたらロボットだとは思えない。目の前の障害も楽々飛び越える。階段はかけ上がる。恐るべき自律歩行能力だ。

それを可能にするのが、頭部に装備されたステレオカメラと、光リモート・センシング・システム。周囲の状況を瞬時に解析する。まさに、ターミネーターだ。実験段階では電源は搭載されず、ケーブルで外部から供給されている。しかしボストン・ダイナミクス社は、行動範囲の拡大のため、内蔵電源を確保すると発表している。

また、普通のロボットなら、走っているときに横から体当たりされたら転倒してしまう。しかし「アトラス」は、人間そっくりの身ぶりでオットットッ……と両手を広げ、体勢を立て直して走り始める。つまり、バランス感覚も抜群なのだ。

さらに、手に工具を持たせると、それを使って細かい作業もこなす。ということは、銃器などの武器を持たせれば、正確に敵を撃ち倒す……ということだろう。

DARPAは二〇一三年一二月、米国のフロリダ州で、大学生を対象とした風変わりな競技会を開催している。「アトラス」を用いた災害救助コンテストだ。参加した大学生たちが、おのおの開発した人工知能プログラムを持ち寄り、「アトラス」にインプットし、その技術を競わせたのだ。

この競技会で「アトラス」は、人工知能プログラムの指示にしたがって、がれきを除去したり、工具を使用して壁を切断したりするなど、人間並みの〝救助〟技術を披露し、会場を沸かせた。ボストン・ダイナミクス社は、メディアに対し「現時点で、『アトラス』を軍事目的に転用する計画はない」とコメントしている。

これは、あまりに見え透いたウソだ。わざわざ「現時点で」と断っていることで、見え見えである。災害救助コンテストとしたのも、カモフラージュにすぎない。そもそも、依頼主のDARPAがペンタゴンの兵器開発部門なのだ。最先端の軍事技術は極秘が鉄則。このデモンストレーションからすでに四年が経過したいま、「アトラス」はさらに驚嘆する〝進化〟をとげているはずだ。

さらに、人間の兵士をパワーアップする装備も開発されている。それが「エクソスケルトン」(強化外骨格)だ。開発はロッキード・マーチン社。フランスも「ヘラクレス」という同様の装備を開発中だ。

「エクソスケルトン」は文字どおり、兵士の筋力・運動能力を外から強化する。いい換えると、人間の〝半ロボット化〟だ。「アトラス」のような〝全ロボット〟と比べて、コストが格段に安いのも利点。

写真は、実際に「エクソスケルトン」を装着した陸軍兵士。背負っているのはバッテリーと制御装置だ。全体の重量は二五キログラム。下半身をサポートする外骨格は、電動油圧方式。足の動きに追随して動く。九〇キログラムの荷物を背負って、最大時速一六キロメートルの速さで走ることができる。連続駆動は、最大七二時間を目指している。

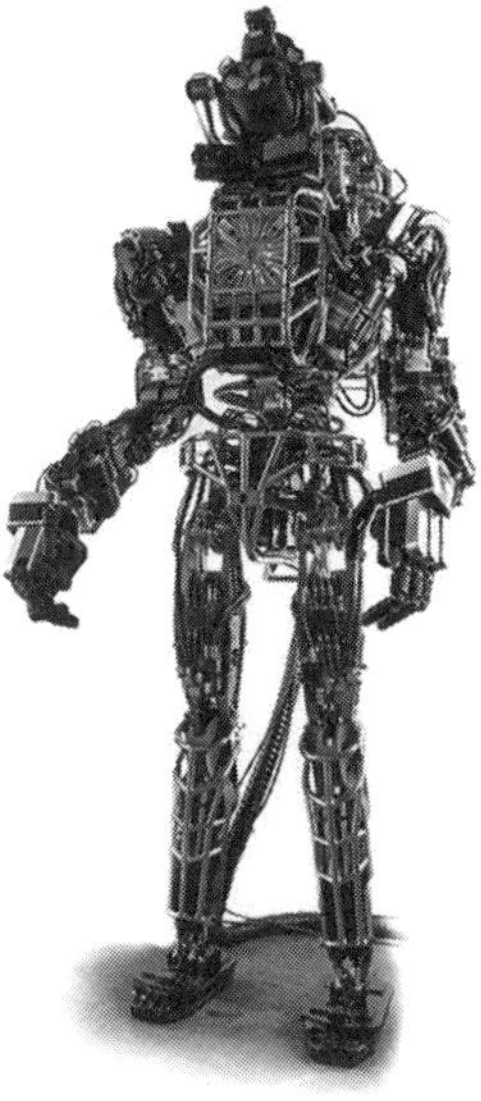
ロボット兵士「アトラス」

米軍は導入に積極的だという。将来、超人的体力の兵士が出現するかもしれない。また、兵士をさらにパワーアップする「パワード・スーツ」（強化服）も開発されている。外観はもはやロボコップだ。

「装着した未来の兵士は、これまで考

えられなかったほどの戦闘力を持つようになるだろう。例えば、陸上競技の選手をはるかに上回るような運動能力を発揮して、縦横無尽に戦闘を展開するような時代がやってくるかもしれない」（大久保義信ほか『最強！　世界の未来兵器』学研パブリッシング）

完成すると、重量のある火器を自在に使用できるという。しかし、それは映画の中だけの話にしてほしい。パワーアップした兵士は、それだけ人を殺戮できるからである。

ちなみに日本でも、防衛省技術研究本部が「隊員用パワー・アシスト技術」の研究を進めている。実際、二〇一五年度予算の概算要求に、「高機動パワード・スーツ」の予算が計上されている。

「プレデター」と「翼犬」の無人機戦争が起こる？

最後に登場するのが無人攻撃ロボットである。いい換えると〝戦闘型ドローン〟だ。名称は「タロン」。米国のフォスター・ミラー社が開発した。

キャタピラに重機関銃を載せたような外観。先端部にはアームと、障害物をつかむグリッパーを装着している。上部には三六〇度監視が可能なカメラも搭載。

その実戦デビューは早い。二〇〇〇年、ボスニア戦争ですでに戦場に配備されている。当初は爆発物の処理や偵察などが任務だった。

しかし、すぐに武装バージョンが登場。それが「スウォーズ」だ。

「MKアサルト・ライフルやM249軽機関銃、M240機関銃などの銃器に加え、M203ロケットランチャーやM202対戦車ロケット弾などの携帯用対戦車兵器を搭載することが可能」(前出『最強！ 世界の未来兵器』)

「エクソスケルトン」を装着した兵士

こうなると、なんでもあり。キャタピラに乗った「攻撃基地」のようなものだ。「脅威度の高い地域での強行偵察や、テロリストの鎮圧などを主任務にしている」「二〇〇三年には、イラクで試験的に運用されている」(同書)

さらに戦闘能力を強化した最新型も、次々に開発されている。殺傷能力は増すばかりだ。

米陸軍は、これら一連の無人攻撃ロボット

を高く評価しているという。対峙した相手は度肝を抜かれるだろう。キャタピラ・ロボットが、いきなり機関銃を乱射してくる。対戦車ロケット弾をぶっ放してくる。アクション映画の中だけの話にしてほしい。

しかし、これが世界の冷酷な現実なのだ……。

ほかにもまだある。米軍は〝蚊のサイズ〟のマイクロ・ドローンを開発することに成功しているが、その一方で、驚くほど巨大なドローンも開発している。海軍が開発を進めている空母艦載無人機、「X-47B」だ。

公式発表によると、全長一一・六三メートル、全幅一八・九二メートル、巡航速度マッハ〇・四五。航続距離三八八九キロメートル。そして、乗員はゼロ名……。

外観は、ほとんど従来のステルス戦闘機と変わらない。違いは唯一、「人が乗っていない」ことだ。

任務は、空母から離陸して、対地攻撃やレーザー施設の破壊などをすること。このドローンには、対空ミサイル、レーザー発射装置、マイクロ波発射装置など、超近代兵器が搭載されている。それらを使って、敵の弾道ミサイルや巡航ミサイルを無力化することもできる。

飛来する弾道ミサイルを、どうやって撃ち落とすのか？　それは、「X-47B」からレーザー、またはマイクロ波を発射し、弾道ミサイルに命中させ、その燃料タンクを加熱し破壊する。

「スウォーズ」(Popular Mechanics)

最新のステルス・ドローン「X-47B」

これまで空母艦載機は、無人ドローン化が難しいとされていた。きわめて狭い空母の滑走路に着陸することは、熟練パイロット並みの技量と正確さが求められるからだ。しかし、米空軍と米海軍の共同開発による「統合無人戦闘航空システム」が、それを難なく可能にした。

「X-47B」は二〇一一年、エドワーズ空軍基地で初飛行に成功している。そして二〇一三年、空母への着陸に、翌年には夜間飛行試験にそれぞれ成功している。海軍は将来、この機種を空母艦載機として正式に導入するだろう。将来は、日本を拠点とする第七艦隊の空母にも配備される予定だ。

英空軍も無人攻撃機を開発している。それが「タラニス」だ。正面から見た姿は、もはやSF映画の一場面である。二〇一〇年、地上試験が終了。二〇一三年、初飛行に成功している。米海軍「X-47B」の二倍以上の超音速を誇る。二〇一四年には、「タラニス」をベースにした無人攻撃機の共同開発を、フランスとともに行なうことを公表している。

そのフランスも、独自に無人攻撃機を開発してきた。それが「ダッソー・ニューロン」だ。やはりステルス型で、エイのような姿をしている。開発にはフランスほか、スウェーデン、ギリシャ、スペイン、イタリアの計五か国が参加。離陸、飛行、着陸……すべて無人で行なう自律型ドローンだが、有人戦闘機による制御も想定している。

二〇一二年、初飛行に成功。その後、フランスは日本との無人機共同開発を決定しており、続発が待たれている。

中国も負けてはいない。中国航空工業集団は、「プレデター」もどきの「翼犬」を開発している。さらに、中国航空第一集団が開発した「翔犬」は、「グローバル・ホーク」もどきだという。さらにこの集団は、ステルス型の無人戦闘機も開発している。名称は「暗剣」。いかにもそれらしい名前だが、詳細は不明だ。

二〇一三年には、中国軍の無人機が、東シナ海の尖閣諸島上空を飛行していたことが発覚している。将来は米軍の「プレデター」と、中国の「翼犬」が、尖閣諸島上空で空中戦を演じるかもしれない。

すでに日本近海もドローン・ウォーズに突入しているのだ。

マッハ六の超音速ドローンも実戦配備寸前

攻撃機だけではなく、偵察機のドローン化も各国で進められている。パイロットを乗せないぶん軽量化できるし、超高速化も可能だ。撃墜されても人的被害はゼロ。秘密保持をはかるなら自爆すればよい。

次の写真は「SR-72」。ロッキード・マーチン社が開発を進めている、双発ジェットエンジンを搭載した極超音速ドローン偵察機だ。その速度は、なんとマッハ六とけた外れ。二〇三〇年には実戦配備されるという。

ほかのドローン攻撃機のようなステルス型ではない。なぜなら、敵のレーダーに発見されても、マッハ六の超高速で逃げることができるからだ。

現状、この「SR-72」は偵察機として構想されているが、マッハ六の極超高速ミサイル「HSSW」の搭載も可能だ。つまり、最終的には究極のドローン・ウェポンとなる。マッハ六の機体から、マッハ六のミサイルが発射されるのだ。合わせてマッハ一二の極超高速巡航ミサイルが、地上の標的を一瞬で壊滅する。

ちなみにこれは無人機ではないが、マッハ二〇で飛行する戦闘機もすでに開発されている。極超音速攻撃機「ファルコン」だ。米空軍とDARPAが実験中で、二〇一二年の試験飛行では、マッハ二〇以上という超絶の速度を記録した。

その実験では、超高速は達成したものの〝失敗〟に終わったとされている。おそらく墜落して回収不能となったのだろう。いずれ、この「ファルコン」と同じ性能のドローンも登場するに違いない。

一方、のんびりとしたスピードで、五年間も無給油で大空を飛び続ける、のどかなドローンも存在する。それが、太陽エネルギーで飛行する無人監視ドローンだ。

その名もソーラー・ドローン「ヴァルチャー」。巨大な蚊トンボのような姿は、もはやドローンにも見えない。

飛行高度は一万八〇〇〇～二万七〇〇〇メートルと、気の遠くなる高さだ。旅客機の巡航高度が約一万メートル。その二倍以上にもおよぶ高さの成層圏を、ゆっくり飛行する。

翼幅は、なんと一二二メートル。機体全体にソーラー電池パネルを装着している。動力は電気モーター。エネルギーは太陽から自給するので、いったん離陸したら五年間は連続飛行できるという。

「SR-72」の想像図

これもDARPAが開発。二〇一四年に飛行実験が行なわれた。もうすでに、超高空の成層圏から地上を監視し続けているかもしれない。

さらに、ドローンを3Dプリンタ技術で複製し、生産する技術も開発されている。

その名を「ケムピュータ」という。

「最初は〝萌芽《ほうが》〟のような状態だった核となる部品が、液体の中でどんどん〝成長〟し、やがて無人戦闘機が成型される。この技術によって複雑で人手のかかる生産ラインは終焉を迎え、かつ納期も圧倒的に短縮されることになるという」

「さらに、無人戦闘機に搭載される数々の機能も、あらかじめプログラム上で選択するだけで追加・変更が可能になるため、高性能な機体を早く・安く・大量に生産できるようになるというわけだ」（「TOCANA」二〇一七年一月三日）

これが事実なら、まさに〝超産業革命〟だ。もし超高性能のドローンを〝培養〟できるなら、ミサイルから戦車まで、すべての生産ラインが不要となる。

発展途上にある技術だが、ケムピュータ開発を推進しているイギリスの大手国防・航空関連企業、ＢＡＥシステムズ社は「技術的に不可能ではない」と自信をのぞかせている。

ドローン・ウォーズは海でも始まっている

ドローン開発競争は、地上、空中に限らない。

じつは水中でも、ドローン兵器の開発はひそかに進められている。

写真は「シーグライダー」と呼ばれる潜水型ドローン。その名のとおり、水中をグライダーのように〝滑空〟する。外観は、魚釣りで使う巨大な「浮き」そっくり。

「ワシントン大学が開発したものを、アイロボット社が買い取り、軍用として改修・販売している。その特徴は、ふた組みの固定ラダーとウィングの働きにより、潮流に乗って海中を〝滑空〟すること。スクリューのような推進装置は持たず、浮力を調整して潜行と浮上の動きを前進運動に変換する」（前出『最強！　世界の未来兵器』）

これは、イルカの泳ぐさまを想像すればよい。そうして、約一〇か月間で四六〇〇キロメートルを航行したという。

「その間、搭載した各種センサーで、海流や海温層の情報、海中音響を収集。そのデータを一日に数回の浮上タイミングで海面から突き出したアンテナにより衛星経由で基地に送信する」（同書）

表向きは学術研究をうたい文句にしているが、〝海中音響を収集〟という任務に注目したい。これは、仮想敵の潜水艦や軍艦の情報収集といい換えることができる。つまりは〝海中スパイ・ドローン〟。その証拠に米海軍も、この「シーグライダー」を実用化、運用している。目的は、中国沿岸の艦艇の〝音紋〟調査だ。

「この作戦に投入される〝シーグライダー〟は、最後の送信を終えると内部機構を破壊して自沈する」（同書）

大空を優雅に飛ぶ「ヴァルチャー」

ドローン航空機があれば、ドローン水上艇があってもおかしくない。それが「CUSV」という無人水上艇だ。

推進エンジンが二基あり、水上を超高速で疾駆する。ミサイルや機関砲などを装備すれば、凶暴な攻撃艇となる。イスラエルは、すでに全長九メートルの無人艇「プロテクター」を、沿岸警備に配置している。

米国の無人艇は、装備の交換で、警備、気象・海象観測、機雷捜索、対潜水艦戦、攻撃任務まで多目的に対応できる。全長一二メートル、最高速三六ノット(時速六七キロメートル)。燃料補給なしで約七二時間も連続航行できる。操縦は、近距離の母船から行なう。

さらに、衛星回線を使って一八〇〇キロメートル離れた超遠距離からもコントロールできる。これは、「プレデター」などの無人機と同じ。対艦ミサイル、対空ミサイルなどを装備するので、その攻撃力は無類だ。むろん、高性能カメラなど、最新の偵察機能を完備している。

海中深く潜航するドローンもいる。米海軍が構想中の潜航ドローン、「マンタ」だ。

原子力潜水艦の外部に装備され、攻撃時に離脱する。船体前部にソナー(音波探知器)、中央部から後部にかけて水雷兵器やミサイル発射管を装備している。後部上面には通信用アンテナ。任務は、水上情報収集、敵艦・機雷捜索、対潜水艦戦の三つ。

「高度なセンサー能力とネットワーク能力を活かして、母艦や艦隊全体の尖兵となり、戦力を

拡張する」（同書）

そのほか、海中の原子力潜水艦から発射され、海面に現れたとたん無人機となって空を飛んでいくSFのような兵器もある。その名も「コーネラント」。

原子力潜水艦の発射筒に翼を折りたたんだ状態で格納され、海面まで到達するとロケット・ブースターで空中に飛び出し、翼を展開して、ターボファン・エンジンで飛行する。外観は、不格好なウミドリのようで愛嬌がある。任務は偵察や、海軍特殊部隊シールズへの戦術支援だ。

機雷捜索とその処分に特化した潜水ドローンが、「ダブル・イーグル」だ。すでに北欧諸国の海軍や、オーストラリア海軍が使用している。

機雷を発見すると付属アームで爆薬を取りつけ、爆破処分する。また、フィン（ひれ）のついた小型爆雷を発射、命中させて処分することもできる。

「シー・グライダー」はこうして発射される

「軍用イルカ」「軍用アシカ」が海を泳ぐ！

「軍用イルカ」……これは、動物好きならずとも眉をひそめるだろう。

かつて『イルカの日』（一九七三年）というハリウッド映画があった。イルカを軍用に使うことの是非をテーマにした映画だ。それが、現実のものとなっている。

すでに米軍は、昆虫に機械を背負わせて、〝軍用昆虫〟として使っている。利口なイルカを軍用に使って何が悪い、という論法だろう。

「アメリカ軍では、地上で犬を飼うように、水中での警備、機雷除去などに、イルカを使う計画を実施中であり、すでに訓練を終えたイルカが活動している」（『特殊兵器大図鑑』横山雅司著　彩図社）

イルカたちは、水中で機雷や敵のダイバーを発見すると、トレーナーに報告するよう訓練を受けている。まさに、軍用犬ならぬ軍用イルカだ。さらに――。

「入り組んだ場所での運動性が高いアシカが配備され、桟橋などでの不審者を警戒している」

（同）

とても現実とは思えないが、これは米海軍の「海軍海洋哺乳類プログラム」という計画に沿って実行されている、れっきとした軍事作戦なのだ。

生きたイルカを軍事用に使うだけではない。サメ型ドローンもすでに開発されている。

それが、米海軍が開発している「ゴースト・スイマー」だ。外観も、泳ぎ方も、本物のサメそっくり。これが実用化されれば、もうイルカやアシカを軍事利用する必要性はなくなる。

不気味な無人船「CUSV」（Defense Systems）

全長は約一・五メートル。重量約四五キログラム。小型のマグロサイズだ。本物のサメ同様に、推進と方向転換には尾ビレを用いる。そして、約九〇メートルまで潜水可能だ。まさに、自然界のサメの動きを徹底的に模倣してつくられたサメ・ロボットなのだ。

任務はいうまでもなく敵の偵察、そして攻撃だ。

このように、自然界の生き物を模倣したロボットは多い。チーター型から、ヤモリ型、ゴキブリ型まで、まだまだ存在するという。こうなると、ディズニー・アニメの世界だ。
ただ、これらが人を殺傷する冷酷な〝兵器〟であることを忘れてはならない。

第5章 レールガン、神の杖——まだある恐怖の最新兵器

ドローンより恐ろしい究極兵器「HAARP」

「HAARP《ハープ》」——さすがにDARPAのホームページにも、この究極兵器は公開されていない。なぜなら、それは兵器ではなく〝気象観測装置〟である……という建前があるからだ。

しかしそれは、じつに悪辣な偽装にすぎない。

「HAARPは、気象を操作し、地震を発生させ、マインドコントロールを行う。これを可能性のリストに加えずに、世界で起こっていることや、人類の行動を理解するのは、もはや不可能だ。HAARPは、高層大気の電離層を操作する」

「アラスカのHAARP施設は二〇〇一年に建設が始まり、二〇〇七年に完成したとされている」

「資金は米空軍と海軍、アラスカ大学、そして米国防省DARPAが共同で提供した。つまり、これらは軍事作戦なのだ。そこにDARPAが噛んでいるということは、そのアジェンダ（行動計画）は、人間を支配し、操ること——あるいは、もっとひどいこと——に重点をおいたものに違いない」（以上、デーヴィッド・アイク『ハイジャックされた地球を99％の人が知らない』下巻、ヒカルランド）。

この究極兵器「ＨＡＡＲＰ」には、一〇項目もの攻撃能力がある。人工地震、気象操作、電磁波攻撃、通信攻撃、さらにはマインドコントロール……その威力のすさまじさには、さすがのドローン兵器が束になってもかなわない。

アラスカ州ガコナの「HAARP」

ドローンは局地戦に投入される。一方、「ＨＡＡＲＰ」は、全地球を攻撃可能だ。

二〇一一年に起こった東日本大震災が、「ＨＡＡＲＰによる攻撃だった」と指摘する専門家は多い。敵国全体を機能不全にしてしまうのだ。まさに〝究極兵器〟の名にふさわしい。

それを可能にしたのが、天才物理学者、ニコラ・テスラの理論と発明だ。

「……波動がエネルギーを失うことなく……地球上でもっとも離れた場所まで伝わり比類のない影響を生み出す……この発明を、戦争で破壊目的に利用できるだろ

う」（ニコラ・テスラ『ニコラ・テスラ 秘密の告白』成甲書房）

ひと言でいえば、波動共鳴現象を利用した究極兵器なのだ。この技術を駆使すれば、「地球をリンゴのように、真っ二つに割ることも可能」とテスラは断言している。

この究極兵器の存在は、マスコミどころか政界、官界、学界でも絶対タブーである。だから「HAARP」と聞いても、九九％の人がキョトンとする。まさに、無知なる羊たちの沈黙だ。EUの首脳が集まる欧州委員会ですら、「存在を公表し、開発を中止すべき」と議決している事実を知るべきだ。

そんな懸念を無視して、すでに「HAARP」は地球上、二二か所に配置されている。それらを統括しているのは、いうまでもなくペンタゴンである。その上にユダヤ・マフィアが君臨しているのは、すでに述べたとおりだ。

このように、「HAARP」の例ひとつとっても、メディアが真実を流さない……いや、流せないのはもはや常識である。

テレビ、新聞など大手マスコミが報道できるのは、政府発表の情報に限られている。軍事に関する情報となれば、そのほとんどが最高機密だ。そして政府は、見えざる巨大な勢力にほぼ完璧に支配されている。つまり、世界の軍事情報は幾重《いくえ》にも闇のベールで覆われている。

むろん、ペンタゴンに広報部門があるように、すべてを闇に封じ込めるわけにはいかない。しかし、広報部門から公表された情報は、ふるいにかけられたものである。「ここまでは公表してもかまわない」と判断した情報のみが、インターネットなどに公開されるのだ。そのことを念頭においてほしい。

当然、これまで述べてきたドローン兵器に関する情報も例外ではない。

高層ビルも一瞬で崩壊「プラズマ兵器」

「HAARP」に次いで謎に包まれているのが、〝プラズマ兵器〟だ。

謎に包まれている――つまり秘密になっているということは、米国すなわちユダヤ・マフィアにとって、不都合な真実だということになる。

プラズマ兵器のイメージで一番わかりやすいのが、SF映画『インデペンデンス・デイ』（一九九六年）で、エ

ニコラ・テスラ
（1856-1943）
発明家

イリアンの乗った母船が地上を攻撃するシーンだ。

プラズマが発生して、まぶしく光り始める。

そこから生まれた火球を高層ビルに向けて撃ち込む。

ビルはそのすさまじいエネルギーで粉々になる。

これこそまさに、プラズマ兵器である。衝撃的なシーンだが、八基の照射装置から、マイクロウェーブ(中性粒子線)をクロスさせていることからもわかるように、この映画は決して荒唐無稽ではない。きちんとプラズマ兵器の正体を表現している。

そもそも、「プラズマ」とはいったいなんだろう?

「自由に運動する正・負の荷電粒子(=イオン)が共存して電気的に中性になっている状態。放電中の放電管内の気体、電離層、恒星の外気などはこの状態にあると考えられる」(『広辞苑』岩波書店)

最近よく〝火の球〟の落下がメディアで報じられる。地球に接近した隕石が大気圏に突入し、大気との摩擦で超高温になり、原子と分子が分離した結果、ものすごい高熱の火球となる。それを人工的につくり出して敵に撃ち込む。わかりやすくいうと、そういうことだ。

「ニュージャージー州の米陸軍研究施設ピカティニー・アーセナルで、新型プラズマ兵器の開発に成功した」

このシステムは、「レーザー誘起プラズマチャネル」（ＬＩＰＣ）と呼ばれている。一メガワットのレーザー砲が完成すれば、約六メートルの鉄の塊を、たった一秒で溶かすことが可能になるという。そして、その完成は時間の問題なのだ。ただ絶句しかない。

これまでにも米軍部は、プラズマ兵器の開発を進めていた。しかし、正確にターゲットに命中させることが困難だったという。開発者のひとり、ジョージ・フィッシャー氏は、ＬＩＰＣの原理を次のように語る。

「光はチリやガスの多い空気中では真空より進む速度が遅い。プラズマも同じだ。抵抗物があるほどエネルギーが減少し攻撃力が減る。しかし、半面、プラズマは最も抵抗の少ない経路を移動する特性を持っていることがわかった。雷が導電性の高い木などに落ちるのと同じ理屈だ。そこで、ＬＩＰＣでは、まずレーザーを打ち出して空気の分子から電子を取り除く。それにより、プラズマが移動しやすい経路を作り出す。次に強力なプラズマを打ち出せば、レーザーの通った道筋をたどって目標物に対して、プラズマを正確に誘導し攻撃できる」

かんたんにいえば、①レーザーで経路をつくる、②その経路に沿ってプラズマ発射、③経路をたどって相手に命中！　ということになる。

攻撃目標となる戦車や戦闘車両、大砲などの武器は、すべて鉄や金属でつくられている。つまり、地面よりも電導性が高い。すると、プラズマ攻撃を呼び込みやすいのだ。

「一方で膨大な量の電力が必要であること、耐久力のある光学増幅器の開発が必要であるなど課題も多く抱えている」（以上、「スラド」二〇一二年七月二日）

インターネットには、米軍の反重力戦闘機「TR－3Bアストラ」の異様な三角形の機体と、そこから発射されたと見られるプラズマの映像がアップされている。

徐々に重要機密が漏れ出しているのかもしれない。

敵をマヒさせる非殺傷兵器「電磁銃」

私が二四年前に翻訳した、『クロス・カレント――電磁波・複合被曝の恐怖』（新森書房）の著者、ロバート・O・ベッカー博士は、電磁生態学の世界的権威である。

その博士が次のように警告している。

「米軍はすでに、建物内や障害物に隠れた敵を倒す電磁波兵器を開発ずみである」

いわゆる電磁銃（エレクトロ・マグネティック・ガン）だ。強烈な電磁波をターゲットに浴びせ、一撃で聴覚、視覚や、運動機能をマヒさせてしまう威力を持っている。

米国政府も、わが国の政府も、電磁波について「危険性は証明されていない」としてほとんど安全対策を講じてこなかった。しかし他方では、電磁波で敵を打ち倒す兵器まで開発していたのだ。つまり〝かれら〟は、電磁波が生体にとって危険であることは、とっくの昔に知っていた！

少なくとも一九九〇年代初めには、米軍部で電磁銃は実用化されていた。公開されないのは、同時に電磁波の生体への有害性がばれてしまうからだろう。

電磁銃は〝銃〟とはいうものの、その場で人を殺すものではない。強力な電磁波で神経をマヒさせ、運動能力を奪い、動けなくする。いわゆる非殺傷兵器（ノン・リーサルウェポン）だ。似たようなものに〝ストロボ兵器〟がある。目まぐるしい光の点滅を照射することで、敵を無力化する兵器だ。

ただし異常な低周波刺激は、生命に関わることもある。

一九九七年、テレビアニメ『ポケットモンスター』を見ていた全国の児童に、けいれん、ひきつけ、失神などの変調が起こった。いわゆる〝ポケモン・パニック〟だ。事件が起こったのは、かわいらしい主人公のピカチュウが、激しい光の点滅とともに変身するシーンだった。

この事件を知ってすぐに「低周波刺激だ！」とピンときたのが、元京都大学工学部助手の荻《おぎ》野晃也《のこうや》博士。彼は日本随一の電磁波公害の権威だ。博士によれば「約一五ヘルツの低周波を金魚にあてるとひっくり返ります」。

この現象には、病名もついている。「光過敏性てんかん」だ。一五ヘルツ前後の強い低周波刺激を受けると、誰でも程度の差はあっても変調に見舞われる。

ストロボ兵器は、一九九〇年代にイギリスの会社が開発し、すでに治安部隊などに配備されている。中でも、赤色点滅《せきしょく》がもっとも効果があるという。ストロボ兵器の赤色点滅を浴びると、ほんの二、三秒で吐き気を催したり、てんかん発作のようなけいれんに襲われたりする。戦場でこれを敵兵に向けて浴びせれば、十分に武器としての機能を発揮できるのだ。

ほかにも、「ライトニング・ボルト」という兵器もある。これは、人工の雷によって攻撃する。高電圧で稲妻をつくり出して、敵に向かって放電し、一撃で倒すのだ。

また、「敵を船酔いになったような気分にさせる」という、ユニークな兵器もある。相手に照射することで、「船酔い」のような吐き気を起こさせる装置だ。

見かけはたくさんのLEDライトが使われたランプにしか見えない。ところが、その三六個のライトから放たれる光を相手に浴びせると、気分が悪くなり、嘔吐などの症状を引き起こす。ストロボ兵器の一種と思われるが、一台二五〇ドル（約二万八〇〇〇円）と、〝兵器〟にしては、あまりに安いことに驚く。

同じような兵器に、〝めくらまし銃〟というのもある。

これは、一種のレーザー銃だが、出力は低い。二五〇ミリワットで、緑色レーザー光線を発射する。ただ、射程距離は長く、最大四キロメートル離れた場所の標的に命中させることができるという。

その名のとおり、敵の眼に当てるとあまりのまぶしさに何も見えなくなる。致命傷を与える武器ではないが、失明の恐れもあるので、正確には非殺傷兵器ではない。

さらに〝電磁パルス兵器〟なるものも存在する。先ほど紹介した電磁銃の大規模版といったところだ。

といっても、マヒさせる相手は人間ではない。電子機器だ。つまり、強烈な電磁パルスを放射することで、パソコンや通信機器を一瞬で〝マヒ〟させる。

結果的に、敵は戦闘不能におちいる。

すでに米軍は、電磁パルス兵器を手に入れている。その名は「チャンプ」。ボーイング社が開発し、二〇一二年、テストが成功している。現在ではこの「チャンプ」を、長距離巡航ミサイルに搭載している。

電磁加速砲「レールガン」のウルトラ破壊力

レーザー銃といえば、映画『スター・ウォーズ』（一九七七年）を思い浮かべる人も多いだろう。レーザー光線が飛び交う戦争シーン。あの光景が、近い未来に現実のものとなるはずだ。

「二〇二三年までに、ドローンやジェット戦闘機に、レーザー兵器を搭載する計画がある」

米空軍の主任科学者、グレッグ・ザカリアス博士の公式コメントである。

すでにレーザー兵器じたいのテストは実施ずみで、ドローンや戦闘機に搭載するテストを、二〇二一年までに行なうという。

写真はその想像図。戦闘機が機首からレーザー光線を発射している。現在は出力一〇キロワットで稼働しているレーザー兵器を、一〇〇キロワットまで増強させる、という。

レーザー兵器の最大メリットは、ピンポイントでターゲットを狙い撃ちできることだ。さらに、装置が安価であること。また、火器の砲弾は数が限られているが、レーザーなら何百回でも連射が可能だ。

ただし、現在のレーザー発生装置は大型なので、最初のレーザー兵器はC－17などの大型輸送機に搭載して使用されるだろう。

いずれ小型化が実現すれば、F16などの戦闘機にも確実に搭載される。ドローンにも搭載予定と、ザカリアス博士も断言している。無人ドローンが、レーザー銃をビュンビュン撃ちまくる……ここでもテレビゲームのような世界が現実のものとなる。

ドローンがレーザーを撃ちまくる！（DARPA）

レーザー兵器は、空軍だけのものではない。陸軍でも、レーザー兵器を導入している。

その名もレーザー砲搭載車両、「レーザー・アベンジャー」。味方のドローンや気球に搭載した反射ミラーを狙ってレーザーを撃ち、その反射を利用してターゲットに命中させる。

最強力なレーザー兵器といえるのが「自由電子レーザー砲」だろう。名称は「ローズ」。対空用のレーザー兵器で、艦船などに搭載し、戦闘機やミサイル、ドローンを撃ち落とす。二〇一七年中に、初めて実装されるという。

さらに強力な兵器もある。電磁波兵器と似て非なる「レールガン」だ。

従来の銃や大砲は、火薬の爆発力で発射する。だから、火器と呼ばれる。これに対してレールガンは、電磁力で弾丸や砲弾を撃ち出す。大型のものは「電磁加速砲」とも呼ばれる。

各国は、このレールガンの開発に躍起になっている。というのも、従来の火器では到達できない速度まで砲弾を加速できるからだ。

砲弾の初速が速ければ速いほど、破壊力は増す。しかし火薬の爆発力では、ある一定速度以上のスピードは出ない。そのとき電磁加速のレールガンなら、ほとんど無限に近い初速を得ることができる。発射された砲弾は恐ろしい破壊力を示すだろう。

レールガンは、米海軍が対地砲撃用兵器として興味を示しており、海軍水上戦センター、ダールグレン支部に施設を設け、試験を続けている。二〇〇八年には、重量三・二キログラムの砲弾を、秒速二・五キロメートルというすさまじい初速で発射することに成功している。最大射程距離は、なんと三六〇キロメートル。その弾道の最高地点は、高度一五二キロメートルに達する。つまり、砲弾はいったん宇宙空間に達したのち、落下してターゲットを撃破するのだ。

海軍の目標は、一五キロ砲弾を、秒速一・七キロメートルで敵地に着弾すること。現在、建造中のミサイル駆逐艦には、やがてレールガンが搭載されることになるだろう。

宇宙から〝神の杖〟が降ってくる！

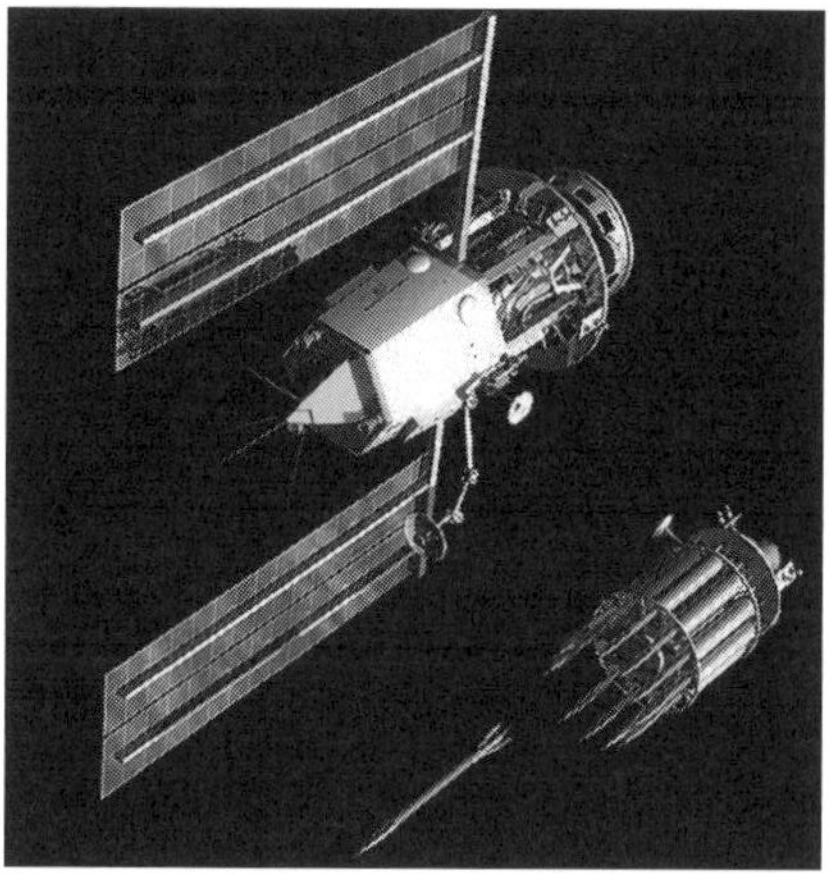

宇宙から「神の杖」が降ってくる
（Popular Science）

現在の世界の軍事状況を見ると、もはや「核」は〝使えない兵器〟と化している。

ひとたび核兵器を攻撃で使えば、必ず報復の核攻撃を招く。それから先は、数百、数千の核ミサイルが飛び交うハルマゲドン（人類終末）となる。

だから米国軍部は、〝使えない兵器〟に代わる大量破壊兵器を構想している。

それが「ＣＰＧＳ（通常兵器型即時全地球攻撃）構想」だ。通常兵器で地球上のいかなる地点をも即時に攻撃し、壊滅的打撃を与えることができる兵器の開発を目指している。

オバマ前大統領は、核廃絶を唱えてノーベル平和賞を受賞した。これだけだと、いかにもオバマが平和主義者のように錯覚する。しかし、そうではない。すでに米国は、核兵器がなくても敵を壊滅できる〝超兵器〟を開発しているのだ。

そのひとつが〝神の杖〟である。

空から槍が降る……といえば、ありえないことのたとえ。ところが〝闇の支配者〟は、本当に空から槍を降らせる兵器を開発している。

高度一〇〇〇キロの軌道上に配備された人工衛星の宇宙プラットホームから、小型推進ロケットを装備した金属棒を超高速で発射し、地上の敵に命中させる。〝杖〟は、タングステンやチタンなどの金属。核弾頭も爆薬も搭載していない。

当然〝杖〟には、精巧な誘導装置が搭載されている。宇宙からでも、誤差なくピンポイントで地上の敵を狙うことができるのだ。

この〝杖〟は、音速の二〇倍という超猛スピードで目標に叩きつけられる。

「巨大な運動エネルギー弾として、地上に激突すると、その破壊力は核兵器に匹敵し、地中深く設けられた施設も破壊可能」（前出『最強！　世界の未来兵器』）

金属棒でそれだけの破壊力……と驚くしかない。

同様に、「低軌道通常弾頭ICBM」と呼ばれる、核弾頭を搭載しない大陸間弾道ミサイルも開発されている。

「ICBM」とは、従来の大陸間弾道ミサイルのこと。しかしこの新兵器は、ICBMから核弾頭を外し、代わりに炸薬《さくやく》のつまっていない徹甲弾《てっこうだん》を搭載。ICBMよりはるかに低空を飛行して、敵地に撃ち込む。〝神の杖〟と同じように、この徹甲弾にも誘導装置が搭載されているので、ピンポイントで敵地を破壊することが可能だ。

実証実験では、花崗岩《かこうがん》の岩盤に九メートルも食い込んだという。これは隕石と同じくらいの衝撃だ。超高速の運動エネルギーはすさまじい。そもそも核や火薬の弾頭を装備する必要はなく、それだけで大量破壊兵器として機能するのだ。

さらにすさまじいのが「ヘル・ストーム」。

人工衛星から数千発のタングステン弾が、二万四〇〇〇平方メートルのエリアに超高速で発射される。地上の存在物は、すべてハチの巣となる。その光景を想像すると背筋が凍る。まさに〝地獄の嵐〟そのものだ。

ただし、ここまで紹介した兵器は、明らかに宇宙条約に違反している。この国際条約では、宇宙空間の軍事利用を禁止している。しかし米国は、これら超兵器の導入を強行するものと見られる。極秘にしてバレなければ、すべてOKと思っているのだ。

すぐそばにある〃生物兵器〃の罠

エイズ・ウィルスは生物兵器だった――もうこの事実を知っても驚かない人が増えた。それだけ隠された真実があばかれ、浸透している証拠だ。

エイズ・ウィルスは、米軍が遺伝子組み換え技術を使って作成した、最初の人工ウィルスだ。詳細を旧東ドイツの生物学者、ヤコブ・ゼーガル博士が、著書『悪魔の遺伝子操作』(徳間書店)で詳細に告発している。必読である。

さらに、SARSウィルスも生物兵器である。拙著『SARS――キラーウィルスの恐怖』(双葉社)を参照してほしい。さらに、豚インフルエンザ、鳥インフルエンザ・ウィルスも人工ウィルス……となると、背後に恐るべき悪意が存在することがすぐにわかる。

私は、『ワクチンの罠』(イースト・プレス)を執筆して、ワクチンじたいが生物兵器であったことに愕然とした。WHO(世界保健機関)は秘密文書で、「ワクチンを偽装した生物兵器を製造する」とはっきり記述している。

この生物兵器は、三段階で作動する。まず免疫力の弱い乳児期に注射して、各種ウィルスの種を仕込む。次に一〇代になってから、インフルエンザ・ワクチンや子宮頸がんワクチンなどを偽装して二回目を打つ。こうして、生物兵器が〝スタンバイ〟となる。

仕上げは、鳥インフルエンザなど伝染病の大流行（パンデミック）のデマを流し、ワクチン注射を強制する。これで、生物兵器のトリガーが引かれ、体内で〝免疫の嵐〟（サイトカイン・ストーム）が発生、ターゲットは高熱で数日以内に死亡する。

かつて、一億人が死んだといわれるスペイン風邪の正体が、このサイトカイン・ストームだ。原因は、第一次世界大戦に出征した若い兵士たちに強制されたワクチンだった。

ほかの生物兵器としては、「ケムトレイル」という〝殺人飛行機雲〟が知られている。あなたは、不自然な飛行機雲を目にすることはないだろうか？　そんなときは、ケムトレイルを疑ったほうがよい。

ケムトレイルは、ウィルスや細菌、有毒化学物質、重金属など〝毒の粉〟を飛行機で空から撒く。これは、ユダヤ・マフィアが行なっている全人類に対する無差別テロだ。実行しているのは、各国の軍部・政府・企業の共同作戦。目的はそれぞれ異なり、軍部は「生物兵器の実験」、政府は「人口削減」、企業は「病人大量生産」である。

散布は軍用機だけでなく、民間機もひそかに動員されてきたことが判明している。〝かれら〟

にしてみれば、人類という害虫駆除の〝殺虫剤〟を撒いているくらいの気分なのだろう。

ユダヤ・マフィアは、そのような冷酷非道も平然と行なえる気質なのだ。

ケムトレイルを〝都市伝説〟とあざ笑う方は、以下の事実に顔も引きつるだろう。

すでにイギリスでは、二〇〇二年、四〇年間にわたって国民を標的にした細菌散布実験を行なってきたことを、国防大臣が公式に認める声明を出している。この衝撃声明は『オブザーバー』紙（二〇〇二年四月二一日）で報道された。

これまで、ケムトレイルの陰謀を告発しようとした、約一〇〇人もの生物学者が抹殺されてきたという。彼らの命を賭した告発で、世界の人々はこの非道な悪行の存在を知ることができたのだ。そうして気づいた人々は、いま全世界で怒りの声をあげている。

インターネットをのぞけば、世界中の市民が「ケムトレイルを止めろ！」と、デモや抗議行動を行なっていることを知るはずだ。しかし、日本の新聞、テレビは、ケムトレイルの〝ケ〟の字もいえない。

ところが、思わぬところから、ケムトレイルという言葉が飛び出した。なんとトランプ大統領が、ツイッターで「ケムトレイルを止めさせる！」と明言したのだ。

はたしてケムトレイルは止まるのか。今後のなりゆきを見守りたい。

第6章

敵を思うまま操る「心理兵器」と戦慄の人体実験

〝やつら〟の情報支配戦略「サイオプス」

「人類洗脳計画」こそ、米国最大の軍事政策である。

つまり、世界を〝軍事支配〟する前に、〝情報支配〟する。

ペンタゴンはこの戦略を、軍事用語で「サイオプス」と命名している。

「アメリカのサイオプス部隊は陸軍特殊部隊に配備されています。現場指揮は、CIA、作戦立案は国務省が行っています。現在のサイオプスをつくった人物は、パパ・ブッシュです。彼は世界最強の情報戦部隊を駆使して都合のいい国際世論をつくり、好き放題にやってきたのです」（前出『クライシスアクターでわかった歴史／事件を自ら作ってしまう人々』）

ベンジャミン・フルフォード氏がいうように、米国は軍事力よりも情報力で、人類を支配してきたのだ。

情報支配は、世界の主要メディアを使って遂行される。そんなことは可能なのか？　誰でも思う。それが可能なのである。

ＡＰ、ロイター、ＡＦＰなど、大手通信社の九割以上はロスチャイルド、ロックフェラー財閥の傘下だ。世界のニュースは、これら通信社によって配信されている。情報の大もとを押さえておけば、支配は容易である。

フルフォード氏は「サイオプス最大の被害者は日本人」だという。

「戦後占領政策から、現在まで、日本はこのサイオプス部隊により、徹底的に蹂躙《じゅうりん》されてきた」（同書）

純朴で正直なあなたも、そのひとりかもしれない。

しかし最近、その洗脳戦略にも予想外のほころびが出ている。二〇一五年、米軍事系ニュースサイト『ベテランズ・トゥデイ』がこんなスクープを飛ばした。タイトルは「マケインのスタッフをハッキング――イスラム国（ＩＳ）の〝斬首〟はヤラセという衝撃映像入手！」。

ジョン・マケインは、二〇〇八年、米国大統領選挙に共和党候補で出馬した大物政治家だ。そんな彼のスナップ写真に、イスラエルの秘密警察モサドの工作員、サイモン・エリオットが写っていた。彼こそＩＳの指導者、アブバクル・バグダ

マケインと“バグダディ”はつながっていた！

ディの正体である、と各方面から告発されている人物だ。

つまり、マケインがIS設立に関与しているという重大嫌疑である。

その彼の部下のパソコンに、こんな衝撃映像が存在していたのだ。

「ISの斬首シーンがスタジオで撮影されていた」

ISにとって最重要機密の映像が、あろうことか〝宿敵〟米国の大物議員のスタッフのパソコンに存在したのだ。つまりISとマケイン、さらにいえばISと米国はグルであるという決定的証拠だ。

発見された映像には、CGでつくられた〝斬首〟の映像を、クロマキー合成している様子が克明に映っている。砂漠の背景と重ねて、いかにも現地で撮影したかのように見せているのだ。

以前、日本人がISに捕まり、その斬首映像がインターネットに公開されたことがあった。わが国でも、「邦人救出に自衛隊を派遣せよ!」といった強行論が火を噴いた。

そして、安保法制成立へと世論は誘導された。

しかし、その映像はスタジオ撮影だった。残酷な斬首シーンもCGだった……。つまり、ただの〝映画〟だった可能性があるのだ。殺されたはずの日本人人質が、名前を変えて他国で生きていた……という情報すらある。

フルフォード氏らによれば、ISは〝米軍の別動隊〟なのだ。この事実を知れば、連日のように流されるＩＳ絡みのテロ報道も〝喜劇〟にしか見えなくなってくる。むろん、巻き添えとなった犠牲者は気の毒だが……。

チップ埋め込みで〝サイボーグ兵士〟が誕生！

「米軍の新兵器は『サイボーグ兵士』、ＤＡＲＰＡが開発中」（『ニューズウィーク』二〇一六年一月二二日）

記事の見出しに、思わずギョッとする。

ＤＡＲＰＡは、約七〇〇〇万ドル（約七七億円）の予算を投入し、兵士の脳にマイクロチップを埋め込み、リアルタイムで脳神経の動きを読みとる「サブネット・プログラム」の開発を進めている。

この計画は、脳外科医療の「脳深部刺激療法」（ＤＢＳ）から発想を得ている。患者の脳にペースメーカーを埋め込み、脳にある種の刺激を与えることによって、てんかんやパーキンソン病、重度のうつ病といった疾患を改善する外科治療だ。

DARPAが開発している装置は、リアルタイムで脳の活動データをとり出すことができる。一見、医療に貢献するためというポーズをとっているが、真の狙いはいうまでもなく、サイボーグ兵士を洗脳して〝殺人兵器〟に仕立てることである。

サイボーグとは、人造人間のことだ。それはもはや人工物であって、半分は本人ではない。

「DARPAが最初に製造するデバイス（＝装置）は軍事用になるだろう」

さすがの『ニューズウィーク』も、ずばり本質をついている。ところが、その非人道性を批判するかと思いきや……。

「しかしそうした技術はしばしば、民間転用され社会に革命的な変化を起こしてきた。GPS（全地球測位システム）や音声通訳システム、インターネットはそのほんの一例だ」

「人間をサイボーグ化することには論議もあるが、その善悪の分かれ目は使われ方次第だろう。NESDプログラムは、オバマ大統領が推進する脳機能障害を治療する研究の一環でもある」（同誌）

さすが、イルミナティ御用達《ごようたし》のメディアである。

兵士の脳を操作してサイボーグにすることは、社会貢献になる……といい切っている。恐れ入ったというほかない。

似たようなものに、ロシア軍が開発した〝サイコ・ジェネレーター〟がある。

二〇一二年四月一二日付の「ロシア新聞」には、超心理学の専門家、アレクセイ・サヴィン中将の秘密情報について書かれており、普通の人間を超人にする〝未来兵士〟についての計画があったとされる。

脳とコンピュータの融合など、未来物語だと信じない人も多い。しかし、現実は人工知能による人間の脳支配は恐ろしい勢いで進んでいる。

「音声や視覚、脳波などを検知するさまざまなＵＩ（ユーザー・インターフェイス）が次々に登場し、それらを統合して利用する『マルチモーダル』という手法も注目されている。ある時には脳波で情報を入力し、ある時は音声で情報を出力するなど、人間がどんな状態でも『自然な形で機器《マシーン》とつながる』ことのできる技術開発が進む」（小川和也『デジタルは人間を奪うのか』講談社）

こうして、脳、肉体、機械、人工知能などが融合していく。

脳と機械の融合を、ＢＭＩ（ブレイン・マシン・インターフェイス）と呼ぶ。そこでは想像を超える軍事開発が進んでいる。

たとえば、頭で考えただけでコンピュータやロボットを動かす「テレキネシス」、一万キロメートル離れた場所へドローンを動かす「テレポーテーション」、相手の心を読みとる「テレパシー」、脳から画像をとり出す「念写」などが、軍事開発の現場では、すでにＢＭＩ技術として実現している。

マスコミに洗脳された無知なる大衆は、これらをオカルトだとあざ笑っている。

しかし〝闇の支配者〟は、すでにこれらを最新軍事技術として開発しているのだ。

人間を心理的に支配「サイコトロニクス」

サイボーグ兵士の創造は、敵よりまず味方を〝洗脳〟するという発想だ。

つまり〝闇の支配者〟にとっては、みずからの兵隊も、洗脳支配する対象なのだ。

このように、人間を心理的に支配することを「サイコトロニクス」と呼ぶ。別名「精神工学」とも呼ばれる分野だ。つまり、「精神」を「工学的」にとらえる発想なのだ。

「共産圏で着手されたPSI研究（超心理学／サイ科学研究）のうち、電磁波などを用いて人為的な心理変更を行わせるとする概念」（『ウィキペディア』）

これらを、ひとくくりでいえば〝洗脳〟（ブレイン・ウォッシング）となる。じつに、わかりやすい。それまでの観念、思想、常識を〝洗い流して〟しまう。

では、「サイコトロニクス」について、さらにくわしく見ていこう。

「この概念は、電磁波放射による神経や脳活動の外的誘導、特に脳に記憶される情報を誘導しようというアプローチである。スカラー電磁波の応用技術分野であるという言説もインターネット上などで流布されている。実在の音響兵器とは特に関連性は見出せないものの、これの原型だという説も流布されている」

「同技術の存在を主張する者らによれば、その研究水準は旧ソビエト連邦がアメリカ合衆国をはるかに上回り、『ＭＫウルトラ』など西側諸国のマインドコントロール研究のきっかけともなっているという。これら技術体系の存在を支持する者らは、旧ソ連の低周波の研究はアメリカを先行していたと考えており、その証拠として現在のロシアのシグネチャ（軍事用語）も先進国以上のものであると考えている」

「冷戦時代の旧ソビエト連邦を中心に超心理学分野での研究も盛んに行われていたが、東西緊張緩和やソ連崩壊以降に現物が公式に確認されたことはなく、一般には『鉄のカーテンの向こう側の超兵器』の一種であるとみなされている」（前出『デジタルは人間を奪うのか』）

〝やつら〟が大衆心理を操作している――こういうと、都市伝説とせせら笑う向きもある。

しかし、そもそも権力とは腐敗する存在である。

政治学の絶対命題として「権力は腐敗する」「絶対権力は絶対腐敗する」という有名な定律がある。よって、二番目の命題は「権力は隠ぺいする」。つまり権力は、みずからの腐敗を被支配者である大衆の眼から必ず隠す。そして、腐敗とは逆の捏造された〝事実〟を大衆に伝える。
つまり、権力は虚言するのだ。

三番目の命題は、「権力は弾圧する」。権力の隠ぺい、狂言に気づいた大衆は、権力に対し抗議する。すると、権力は必ずそれを弾圧するのだ。

以上、「腐敗」「隠ぺい」「弾圧」は、まさに権力の三要素である。

これらは、権力の陰の側面である。だから、そこに大衆の眼が向かぬように、大衆の心理を操作する。陰でなく陽の面に眼を向かせる。それは、〝権力の本能〟である。

だから、権力の心理操作はあって当然なのだ。それを都市伝説などと笑う輩こそ、〝洗脳〟のど真ん中にいるのだ。

さて、「サイコトロニクス」の存在を裏づける証拠としては、以下があげられる。

・**一九七六年**――『ロサンゼルス・エグザミナー』紙が、「ソ連は人間の行動不能、神経不活性、心臓発作さえ起こすマイクロ波の広範な研究を行なっている」と報道。

・**一九七七年**――軍縮に関する国連委員会への提案書で「マイクロ波の神経系統への影響」が認められる。

・**一九八五年**――CNNのテレビ番組『スペシャル・アサインメント』によって、ラジオ周波を使った「サイ兵器」の存在が知られるようになる。
・**一九九九年**――『ニューヨーク・タイムズ』紙が、「一九八九年、トップシークレットの『ボンファイアー計画』のもと、ソ連の科学者が新兵器を開発。この兵器は心理的変更を目的とし、神経系にダメージを与え、気分を変化させ、死亡も起こす」と報道。
・**二〇〇一年**――米国のデニス・クシニッチ議員が、法律の草案に「サイコトロニクス」を明記し、その規制を主張。

そのほかにも、時期は不明だが、関連情報は数多くある。

「サイコトロニクスは、ウッドペッカー信号（キツツキ・ノイズ）が使われた『チャイコフスキー通り事件』で、その存在が発覚した。朝鮮戦争で起きた米兵の洗脳事件と並ぶパニックにつながった」

「サイコトロニクスの知識はソ連崩壊後に流出し、不可視光線や電磁気システムで脳機能を修正し、身体機能の制御や思考の転送をするための各国の非殺傷兵器に応用された」

ここで、「ウッドペッカー信号」には説明が必要だろう。

これは旧ソ連が行なっていた、パルス化された電磁波照射による通信妨害を指す。「コツ、コツ……」と、まるでキツツキがつついているようなノイズだったので、アマチュア無線愛好家は、それを「ウッドペッカー信号」と呼んだのだ。

これら洗脳技術のルーツを探ると、レーニンの「再教育」にたどり着く。具体的には〝電気催眠〟などが使われたという。

彼らは、共産主義思想を注入するための方法を徹底的に研究した。

また、ソ連特殊部隊がアフガニスタンに侵攻したとき、市民を洗脳するためにラジオ波を照射したと報道されている。特殊な電磁波にマインドコントロール効果があることを、彼らは熟知しているのだ。

国際的な批評家、ユースタス・マリンズ氏や、デーヴィッド・アイク氏は、共産主義そのものが〝闇の支配者〟の捏造であると断定している。となると、共産主義者自身は大きな悪意によってとっくに〝洗脳〟されていたことになる。

私は共産主義を信じて日々、精進《しょうじん》している方をおとしめるつもりは毛頭ない。なぜなら、搾取なき理想社会を求める心魂は貴いものだからだ。

ただし、裏の裏には裏がある……という、この世の現実も直視すべきだろう。

もっといえば、共産主義の批判だけでは片手落ちだ。資本主義の欺瞞《ぎまん》もまたすさまじい。

ソ連幻想を批判するなら、米国幻想も批判しなければならない。

米国を建国したのは、まぎれもなく秘密結社フリーメイソンであり、「自由・平等・博愛」の独立宣言こそ欺瞞の象徴である。しかし、純朴なほとんどの米国人はその理想を信じ、いまも信じている。つまりは東西を問わず、人類は丸ごと〝やつら〟に洗脳されてきたのだ。

脳への刺激で相手の〝自由意志〟を奪う

前出『クロス・カレント』を翻訳したとき、本の中で「人工電磁波で、自由意思（フリー・ウィル）が侵害される」と強く警告していたことが印象的だった。著者、ベッカー博士は、電磁波の悪用によって、人間の精神が操作されることを熟知していたのだ。

その危険性の一端として、同書では脳科学者のホセ・デルガド博士による恐るべき実験をとり上げていた。一九六〇年代、闘牛場という公衆の面前で行なわれた実験だ。

闘牛は脳に何本もの電極を埋め込まれている。デルガド博士は、その闘牛の前に平然と立った。博士の両手には遠隔操作装置。ひとつのスイッチを入れると、牛は怒り狂って猛然と突進してきた。

しかし、別のスイッチを入れると、あわやというところでピタリと止まった。さらに、ほかのスイッチを入れると、おとなしくゴロリと横になった。

つまり電極による脳への電気刺激で、喜怒哀楽、さらには動きまで操作できることを証明してみせたのだ。

さらに電極は小型化され、サルやネコなどの動物でも実験がくり返された。その結果は、闘牛と同じだった。遠隔操作による電極刺激で、サルは怒ったり、悲しんだり、操作者の思いどおりの感情を表した。つまり、サルの〝自由意志〟が、完全に操作者に奪われてしまったのだ。

その後も博士は、動物の感情を制御するさまざまな信号パターンの研究に没頭した。彼が発明した〝感情制御装置〟は、一九六八年「スティモシーバー」と名づけられている。

この実験が一九六〇年代に行なわれたことに、あらためて驚く。先ほど紹介したサイボーグ兵士計画は、まさにこの実験の進化系である。DARPAは電極の代わりにマイクロチップを埋め込む、その違いだけだ。

DARPAのサイボーグ構想では、数百万個単位の脳細胞とコンピュータとを〝接続〟するという。原始的なデルガド実験でも、動物の感情を制御できたのだ。それが数百万もの脳細胞と〝接続〟されたら、嗜好、思想や価値観まで、自在にコントロールされるだろう。

つまり、兵士は自由意志を喪失し、完全に洗脳されたサイボーグとなる。ここまで考えて、空恐ろしくなった。

第4章では、ロボット兵士「アトラス」の存在について触れた。その開発費には莫大な資金がかかる。じつは、それが兵器マフィアの狙いだ。それだけ、巨大利益をあげられるからだ。しかし、一方で投資効率というものもある。

米国政府や議会も、さすがに無制限の濫費を認めるわけにはいかない。DARPAも、投資効率を考えれば、ロボット兵士よりサイボーグ兵士のほうが割がいい……そう考えても不思議ではない。

「幻覚」「幻聴」も思うままに操れる

さて――デルガド実験の衝撃的成功は、〝闇の支配者〟を洗脳兵器へと駆り立てた。

いわゆる「心理兵器」（サイ兵器）の開発である。

デルガド博士は動物実験を終えると、一九六九年、ついに人間を対象に実験を始めた。博士が発明した「ス

ホセ・デルガド
(1915-2011)
脳科学者

ティモシーバー」を装着された被験者は、彼の狙いどおり、快楽、怒り、恐怖といったさまざまな感情が引き起こされた。

実験が終わったあと、被験者のひとりは、こう答えている。

「自分に何が起こったのかわかりません。自分が、野獣になったようにすら感じます」

博士はこの結果に大いに満足した。そして、こう熱望していたという。

「この装置が、いつの日かすべての人類に取りつけられ、社会統制に活かされるべきだ」

彼もまた、まぎれもなく、マッド・サイエンティストのひとりだった。

しかし、デルガドの後継者は、続々と現れた。一九七三年には、ジョゼフ・シャープ博士が、パルス状マイクロ波オーディオグラム（言葉のアナログ音振動）を被験者に照射し、ボイス・トランスミッション（音声伝達）の実験を行なった。

この実験では、言葉の振動数をマイクロ波に変換して、被験者の聴覚神経に照射する。すると、被験者にだけその言葉が聞こえるのだ。早くいえば〝幻聴〟である。実際には存在しない〝声〟で、被験者に直接指示、命令することが可能になった。

デルガド博士によれば、脳をコントロールする電磁波の出力は微小でよいという。

「地球の電磁場の五〇分の一程度の微弱な低周波でも、脳の活動には甚大な影響を与えるのである」

地磁気の五〇分の一とは、じつに微細きわまりない電磁波だ。それでも人は自在にコントロールされうるのだ。ベッカー博士もまた、同じことを指摘している。

さらに、デルガド博士はこう断言した。

「電磁波を照射することにより、睡眠状態から興奮状態まで人工的に操作できる」

また、精神科医のロバート・ヒース博士は、脳への電気刺激は「恐怖」や「快楽」などの感情や「音声」だけでなく、「幻覚」（イリュージョン）もつくり出すことを発見した。つまり、存在しないものを見せることが可能になるのだ。早くいえば〝幻覚〟である。

これらの成果をまとめれば、ターゲットの「感情」「聴覚」「視覚」を思うままに操り、感じさせ、聞かせ、見せることが可能になる。

つまり、ターゲットの意志を、文字どおり〝操れる〟ようになるのだ。

これぞサイコトロニクス――洗脳工学の究極形だ。

心を狂わす〝サイコトロニクス戦争〟が勃発？

以上は、一九六〇年から八〇年代にかけての米国での研究だ。

他方、旧ソ連でも、各種電磁波による有害かつ奇妙な副作用が知られていた。

一九七〇年代、『レゾナンス』誌編集長のジュディ・ウォールは「軍事利用されるマインドコントロール兵器」という論文を発表。その中で、彼はこう指摘している。

「旧ソ連のマインドコントロール・テクノロジー『サイコトロニクス』を、秘密警察KGBが活用している。彼らは兵士を〝人間兵器〟につくり替える方法として、高周波ラジオウェーブと催眠暗示を利用したシステムを開発している」

また、一九九一年、ジャネット・モリス博士は、モスクワ医学アカデミーを訪れ、「サイコ・コレクション」部門を見学した。そのときの体験をこう報告している。

「旧ソ連では人に暗示を与えるため、ホワイト・ノイズ（耳には聞こえないが、脳が感知する波長）をインフラ・サウンド（テレビ、ラジオ）やVLF周波数に乗せて送ったり、骨伝導で音声を伝える方法が開発されていた」

いずれも本人の〝耳〟には聞こえないが、特定の周波数や骨伝導《こつでんどう》などを通じて、脳に直接伝えることができる。つまり、本人に気づかれずに、脳に〝命令〟を送り届けることができるのだ。

一九九二年には、ロシア軍のチェルニシェフ少佐が、軍事雑誌『オリエンティアー』で、こう述べている。

「旧ソ連ではサイコトロニクスの研究が進むにつれ、〝サイ兵器〟という分野が生まれた。さらに、一九九〇年代には、〝サイコトロニクス戦争〟というコンセプトも出現した」

サイ兵器は、相手を殺傷するためのものではない。いわゆる非殺傷兵器の一種だ。電磁波を利用した非殺傷兵器は、先述した電磁銃などが相当する。

米空軍の資料では、こう説明している。

「用途として、テロリスト・グループへの対抗手段、大衆のコントロール、軍事施設のセキュリティ管理、戦術的な対人技術への応用などが考えられる。これらすべてのケースにおいて、電磁気システムは、症状の軽いものから、重いものをふくめ、身体の破壊、知覚の歪曲《わいきょく》、方向感覚の喪失などを引き起こすことができる。これにより、人間が戦闘能力を失うレベルにまで身体機能が破壊される」

米国の元陸軍大佐、ジョン・アレキサンダーは、ニューメキシコ州のロスアラモス国立研究所で、二〇種類以上の非殺傷兵器の開発に携わった男だ。彼は一九九六年、〝極超長波ビーム発生装置〟がすでに実用段階であることを認めている。

「一六ヘルツ前後の極超長波は、内臓の働きに作用して、人に不快な気分を与える」

これは、先述の〝ポケモン・ショック〟や〝ストロボ兵器〟と同じ原理だ。

また、彼は、次のようにも断言している。

「人間の精神に働きかけるこの種の兵器はすでに存在しており、その能力も実証済である」

そして、サイ兵器の超巨大バージョンが、先述の究極兵器、ＨＡＡＲＰなのだ。デーヴィッド・アイク氏は、ＨＡＡＲＰの十指にのぼる攻撃機能のひとつに、マインドコントロール機能をあげている。

そもそも、電磁波によるマインドコントロールを最初に主張したのは、かのヒトラーだといわれている。その先見性には〝感心〟するしかない。この独裁者から端を発したマインドコントロール技術は、初期の「薬品」から「催眠」を経て、昨今は「電磁波」を使うタイプへと〝進化〟している。

あなたは、ここまで読んで声もないはずだ。マスコミはこの洗脳研究の実態について、いっさい報道してこなかった。それは、いまに始まったことではない。それどころか、いまのマスコミは電磁波の問題に触れることすらタブーなのだ。それは政界、学界も同じ。まさに、見ざる、いわざる、聞かざる……。

ある朝日新聞の記者は、「朝日は電磁波問題、書けないんですよね」とサラリといって、私をあ然とさせたことがある。電磁波の害についてさえ、このありさまだ。ましてや、電磁波を利用したマインドコントロールの脅威など書けるはずがない。

オバマ・ケアと「死のマイクロチップ」

さて――デルガド実験以降、加速した洗脳工学の進展により、電磁波で「感情」「聴覚」「視覚」がコントロールできることがわかった。当然、それに着目したのが軍部である。それは、一気に「心理兵器《サイ・ウェポン》」の開発を加速させた。

先述したサイボーグ兵士のその後について、見てみよう。

「DARPAは、兵士の脳へのマイクロチップ埋め込みを計画している。表向きは、脳に障害を負った負傷兵の治療装置とされている。しかし、兵士の認知能力の向上も目的のひとつとして挙げられており、戦闘時のパフォーマンスを高める目的もあるのではないかと噂されている」

(『ハフィントン・ポスト』二〇一七年二月九日)

マイクロチップは幅約三ミリ、長さ四ミリほど。細いコードがついている。デルガド実験で用いられた電極のマイクロ版だ。コードから電磁波信号を脳内に送り込むのだろう。

よくもまあ、こんな非人道的なことが平気でできるものだ。しかし、あきれている場合ではない。〝かれら〟は、もっとすごいことを計画しているのだ。それは――。

「ＤＡＲＰＡでは他にも、脳から思考を読み取る神経インターフェース『Ｓｔｅｎｔｒｏｄｅ』の開発も積極的に行われている。この装置が首から脳に繋がる血管に取り付けられると、電極がニューロン活動を読み取り、その情報が実際の行動へと〝翻訳〟されるという。すでに、羊を使った動物実験に成功しており、人間においても義手を動かすぐらいなら可能だという。二〇一七年からは本格的な人体実験も計画されているそうだ」(「ＴＯＣＡＮＡ」二〇一七年一月三日)

そして、最後にこう結ばれている。

「ドローン、サイボーグ兵士など、人間の身体性を排除した合理的な兵器が支配的になればなるほど、戦争は非情になり、殺人も簡単になっていくことが予想される。合理的な殺人という点では、現代の政治指導者や軍事兵器開発者も、ガス室でユダヤ人を効率的に殺したヒトラー

と変わらないのではないだろうか……?」(同)

まったく、同感である。

〝闇の支配者〟たちは、人体にマイクロチップを埋め込むことに、まったく罪悪感も違和感も抱いていないようだ。

それを実感したのは、『死のマイクロチップ』(イースト・プレス)を執筆したときだ。すでにその陰謀は、二〇一〇年に米国で成立したオバマ・ケア法にひそんでいた。法案の一〇一四ページに、仰天の記述が隠れていたのだ。

それは、オバマ・ケアの財源となる税金逃れを防ぐため、全国民にマイクロチップ埋め込みを強制する、という耳を疑うものだった。

実際のチップを見ると、マイクロどころか長さ一センチほどの〝メガチップ〟。くしくも、サウジアラビアの発明家が考案した〝キラーチップ〟と瓜二つだった。それは「あまりに非人道的」という理由で、ドイツ政府から特許申請を却下された代物だ。

キラーチップは中に青酸カリが仕込まれており、衛星電波でカプセルを破壊し、瞬時にターゲットを殺す、という遠隔殺人装置だった。地球上に、もはや逃げ場はない。

まったく同じ形状のチップ埋め込みを、オバマ政権は法的に強制しようとした。すでに米兵はみなチップを埋め込まれている、という情報もある。

米国の属国である日本人にも強制されるのは時間の問題だ……私はそう同書で警告した。幸いにもトランプ大統領が就任して、即座にオバマ・ケア廃止を宣言してくれた。それが、せめてもの救いだった。ところが与党共和党まで反対側に回り、同法廃止は頓挫してしまった。

〝ジョック博士〟の恐るべき人体実験の数々

世界を〝人間牧場〟にするための小さな実験が繰り返されている。前出のジム・キース氏は警鐘を鳴らす。たとえば――。

「サイボーグ（改造人間）はNASAの行っている計画が目指しているもの」

「化学的心理変化剤と外科手術によって、未来の宇宙飛行士の中には、半分ロボットに変えられる者たちが出てくるだろう」

「人類をゾンビに変形させる技術が、実在することは、疑問の余地はないように思える」（前出『ナチスとNASAの超科学』）

旧ソ連の〝洗脳〟の実態は、おぞましい。しかし、米国におけるそれもまた、おぞましいも

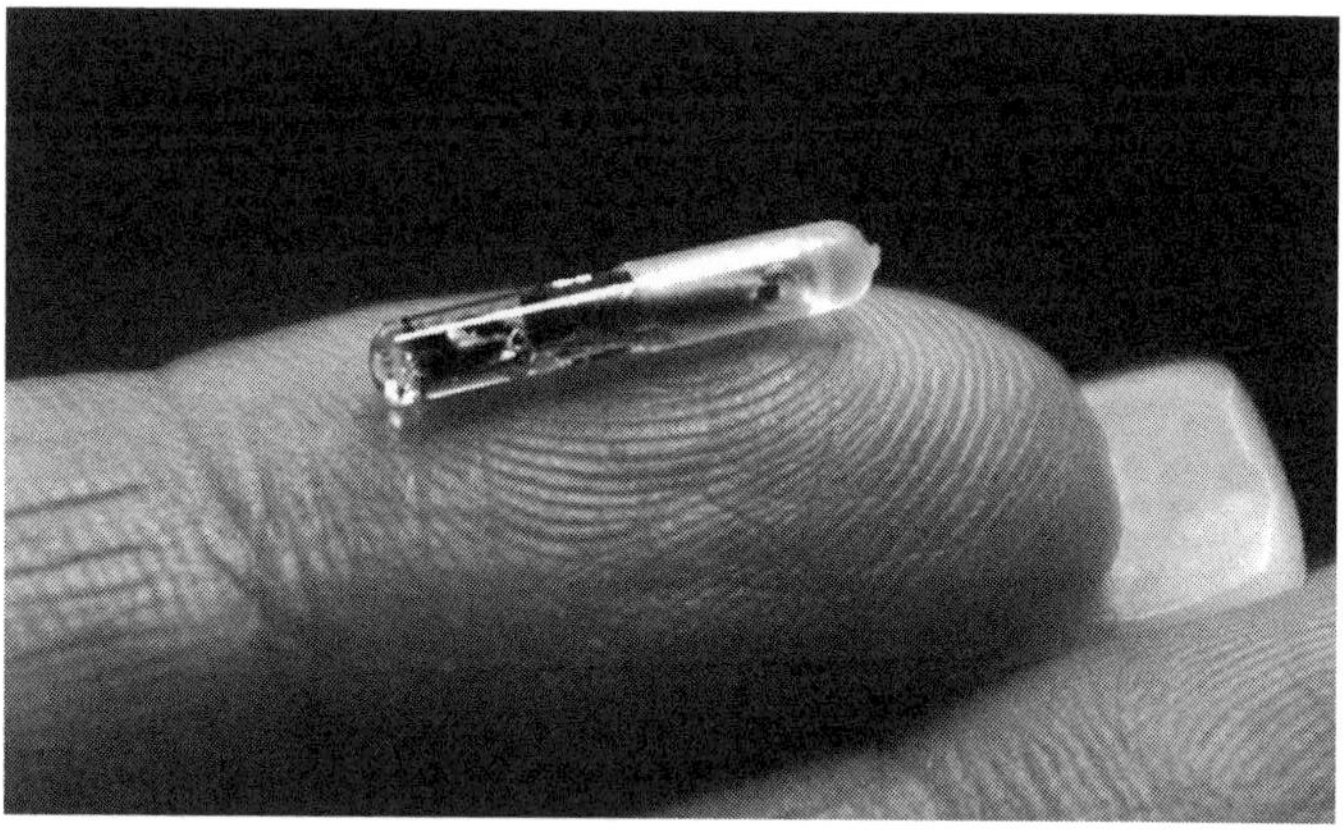
明日はあなたに埋められる？　「キラー・チップ」

のだ。

精神科医、ユーイン・キャメロン。米国における洗脳、拷問の歴史を語るとき、この名前を抜きには語れない。彼の別名は〝ショック博士〟。その名の由来は、電気ショックによる治療と拷問を得意技としていたことから来ている。早くいえば、マッド・サイエンティストのひとりだ。

「キャメロンは今日のアメリカの持つ拷問技術の開発に中心的役割を果たしただけではない。彼の行なった実験は、惨事便乗型資本主義の根底にある論理もユニークな形で浮き彫りにしている。大規模な災害――巨大な破壊――だけが「改革」のための下地を作るとの考えに立つ，自由市場経済学者たちと同様、キャメロンは人間の脳に一連のショックを与えることによって、欠陥のある心を消去し、白紙状態になったところに新しい人格を再形成できると考

えたのである」（ナオミ・クライン『ショック・ドクトリン』上巻、岩波書店）

彼が〝活躍〟したのは一九五〇年代だった。しかしその名は一九九二年、ひょんなところからよみがえる。新聞に次のような見出しが躍《おど》ったのだ。

「洗脳実験――犠牲者補償へ」

そこには、かつて米国が犯したおぞましい犯罪が生々しく再現されていた。

「一九五〇年代にCIAの依頼を受けたカナダ、モントリオールの精神科医が、患者を実験台にして常軌を逸した実験を行なったというのだ。患者は何週間も眠らされて隔離されたのち、強力な電気ショックを何度も与えられたうえ、LSDやPCP（通称エンジェルダスト）などの幻覚剤を混合した実験的薬物を大量に投与された。これによって患者は、言語習得前の幼児のような状態に退行した……」（同書）

この恐ろしい人体実験は、マギル大学付属アラン記念研究所で行なわれた。指揮をしたのは所長のキャメロンだ。そして、この実験資金はCIAから出ていた。

その後、元患者ら九人が、キャメロンに資金提供したCIAとカナダ政府を相手どって訴訟を起こした。患者らは産後うつや不安神経症など、軽い精神症状でキャメロン医師のもとを訪ねたのだが、承諾もなしに「人間の心をいかにコントロールするか？」という研究のモルモットにされたのだ。

一九八八年、CIAは和解に応じて、九人の原告に対して総額七五万ドル（約八三〇〇万円）の賠償金を支払うことに同意した。これは、当時のCIAにとって、過去に例を見ない巨額の和解金だった。四年後、カナダ政府も患者ひとりあたり一〇万ドル（約一一〇〇万円）を支払うことに同意した。

つまり、それだけ残虐非道なことを行なった事実を、公に認めたのだ。

洗脳実験「MKウルトラ」はこうして誕生した

キャメロンは、カナダと米国、両国の精神医学界の大ボスだった。

両国の精神医学会の会長を歴任しただけでなく、世界精神医学会の会長まで務めている。

つまり、当時の世界精神医学界の頂点に立つ巨魁《きょかい》そのものであった。

ユーイン・キャメロン
（1901-1967）
精神科医

彼は、ＣＩＡから委託された実験に関する論文や著作を何冊も残している。そこから判明するのは、キャメロンは患者を治そうとはしなかったことだ。

「キャメロンは、患者の症状を改善したり、治療したりするのではなく、『精神操作』（サイキック・ドライビング）という彼の考案した方法によって、患者を〝作り替えよう〟とした」（前出『ショック・ドクトリン』）

当時の彼の論文には、はっきり次のように書かれている。

「患者に健全な行動を取り戻させるための唯一の方法は、彼らの脳の中に入って『古い病的な行動様式を破壊する』ことしかない」

「その第一段階は『脱行動様式化』（デパターニング）であり、その目的は脳をアリストテレスの言う『何も書かれていない石板』、すなわち『白紙状態』に戻す」

いったいどうやって脳を〝白紙化〟するのか。キャメロンはこう考えた。

「脳に、その正常な機能を阻害するありとあらゆる手段を使って一斉攻撃をしかけることによって、こうした白紙状態が作れる」

つまり、患者の心に〝衝撃と恐怖〟を与えまくったのだ。彼の〝治療〟光景は、まさにおぞましい拷問室そのものである。

「キャメロンは、電気ショックを一回ではなく連続して六回まで与える方法を用いた。患者の人格が完全に消失していない、と判断すると、キャメロンは中枢神経刺激剤と鎮静剤、幻覚剤などを投与して患者の見当識をさらに混乱させた」

こうして、患者の人格が完全に破壊された段階で、新しい人格を与えるために「あなたはよい母親です」などと吹き込まれたテープをくり返し聞かせた。

「電気ショックを与えられ、大量の薬物でほとんど植物状態にさせられた患者は、抵抗する術もなく録音されたメッセージを聞かされた。一日一六〜二〇時間、何週間にもわたってただテープを聞き続ける。なかには一〇一日連続で聞かされた患者もいた」

このキャメロンの〝治療法〟に関心を抱いたのがCIAである。CIAは、「特殊な尋問技術」について研究する秘密プロジェクトをスタートさせていた。

具体的には、「完全隔離」により精神的苦痛を与える、薬物、化学物質で自白させる……などど。最初のプロジェクト名は「ブルーバード」。それが、一九五三年には「MKウルトラ」となった。

「その後一〇年間、『MKウルトラ』は、共産主義者あるいは二重スパイの疑いで拘束された者を白状させる新しい方法を探求するため、二五〇〇万ドルを費やし、四四の大学、一二の病院を含む八〇の機関を巻き込んで実施された」

こうしてついにCIAは、探し求めていた〝悪魔の使い〟キャメロンに巡り合ったのだ。

「（ＣＩＡの）資金が投入されることによって、アラン記念研究所は病院から、おぞましい『収容所』とも言うべき場所へと変貌したのだ。まず最初の変化は、電気ショックの回数が飛躍的に増加したことだった」

「一人の患者に三六〇回という恐るべき回数のショックを与えた。（中略）さらにキャメロンは、すでに投与していたおびただしい数の薬物に加えて、ＣＩＡがとりわけ関心を持っていた精神変容作用のあるＬＳＤやＰＣＰといった実験的な薬物も患者に投与した」（以上、同書）

「ＭＫウルトラ」は、キャメロンの〝治療〟を、そっくりそのまま尋問テクニックとして採用した。それは、わかりやすくいえば、すさまじい拷問テクニックだった。

ジョン・レノン暗殺とＣＩＡ陰謀の闇

そもそも、ＣＩＡが洗脳技術に強い関心を抱いたきっかけは、朝鮮戦争だった。

当時、中国軍は、捕虜の米兵を〝洗脳〟して共産主義を信じ込ませた。この事実に着目したＣＩＡが、洗脳を目的とする極秘計画「ＭＫウルトラ」をスタートさせたのだ。それは一九五三年から、少なくとも一九六〇年代前半まで実行された。

最初の目的は、スパイを自白させることなどだった。ところが――。

「やがては、人間の精神を意のままに操って殺人マシーンに変え、忠実な兵士として戦争に利用したり、冷徹な暗殺者に仕立て上げたりするといった邪悪な洗脳計画に発展していった」（『恐怖の洗脳ファイル』ダイアプレス）。

患者を狭い部屋に監禁し、両手、両足を縛り、目、耳を覆い、感覚を完全に遮断して、おびただしい電気ショックや薬物投与、長時間テープを聞かせるなどした。洗脳は延々と続けられた。

これら実験は、まったく患者の同意なく強行されたのだ。おぞましいとしかいいようがない。しかも、その結果はひどいものだった。被験者の多くが記憶喪失や人格崩壊など、病状を悪化させてしまった。

たとえば、ある女性は、実験によって完全に記憶を消され、夫や子どものことも思い出せなくなってしまった。さらに、トイレの使い方までわからなくなった。

つまり、「ＭＫウルトラ」は、洗脳どころか人格を破壊する、恐るべき「サイ兵器」だったのだ。ベンジャミン・フルフォード氏も、その恐怖を指摘する。

「一九七〇年代、これはアメリカ議会の議事録にはっきり全部出ているけれども、『ＭＫウルトラ』計画というCIAの洗脳実験がありました。マインドコントロールは、催眠術をかけて、たとえば、目が覚めたときに〝牛〟という言葉を聞いたら『モー』と言うとか、そういったことができるのです。そのCIAの実験でも、ある言葉を聞いた瞬間、実験台になっていた女の人がいきなりバッグから銃を取り出して、隣の女に向かって引き金をひいた。実弾は入ってなかったけど、本人はそれをやった記憶がなかったそうです」(『嘘だらけ現代世界』ヒカルランド)

この洗脳技術で、普通の人間をヒットマンやテロリストに仕立てることも可能だ。

たとえばジョン・レノンを暗殺したとされる、マーク・チャップマン。レノンは一九八〇年一二月八日、ニューヨーク市でチャップマンの凶弾に倒れた。

レノンが殺された理由は、彼の反戦思想、平和運動の影響を、米軍部が恐れたからというのが衆目の一致するところだ。では、なぜレノンの熱烈なファンのひとりであった青年が銃を発砲したのか?

伝えられる話では、頭の中に「レノンを殺せ!」という声が何度も聞こえてきたという。

まさに先述した「サイコトロニクス」そのままだ。

さらに、意図的なマインドコントロールによって起こされた事件として指摘されているのが、一九七八年に起きた人民寺院事件だ。南米ガイアナで、カルト教団「人民寺院」の信者が一〇〇〇人近く集団自殺し、そのショッキングな映像は全世界に衝撃を与えた。

「この〝集団自殺〟もCIAによる壮大な心理実験であった、という陰謀説がある。人民寺院に、CIAのスパイを送り込み、教祖のジム・ジョーンズが発狂するように仕組んだ、というのだ」（同書）

ことの真偽は不明だが、十二分にありうる話だと思う。

同じくカルト教団のオウム真理教も、やはり「MKウルトラ」そっくりの洗脳を信者に行なっていた。見えざる深いところに、〝洗脳ネットワーク〟があるのかもしれない。

脳にチップ埋め込み暗殺者に仕立てる

CIAによる人類洗脳計画。それは、マインドコントロールを米国が国策として推進してきたことを意味する。

「MKウルトラ」はキャメロンがやりすぎて裁判沙汰と

マーク・チャップマン
（1955-）
服役囚

なり、こうして表に漏れてしまったが、そのほとんどは極秘裏に行なわれてきた。

「アメリカ国防総省とCIAによるマインド・コントロールの研究は、『ニューヨーク・タイムズ』(一九七七年八月二日)にスッパ抜かれるまで、関係者を除いて誰も知らず、極秘のうちに行なわれてきた。(中略)そして過去二五年間に二四〇〇万ドルもの巨額の資金が投入され、数万人もの囚人や精神病院の患者がモルモットにされたと報道している」(『ヒトラーの「究極兵器」と「マインド・コントロール計画」』)

さらに——。

「戦後、アメリカで起きた様々な暗殺事件——ケネディ暗殺事件やジョン・レノン暗殺事件など——や、スパイ事件の背後には、CIAによるマインド・コントロール技術が流用されていたと指摘する研究家は少なくない。(中略)命令一つで殺人を犯す〝ロボット人間〟を使うという考え方の起源は、はるか昔にさかのぼり、珍しいことではない」(同書)

こうして狂気の連鎖は拡大していったが、当のキャメロンたちには、まったく罪の意識はなかった。初めから狂っていたのだから無理もない。このような狂気を土壌にして、昨今のドローン兵器、サイボーグ兵士などが開発されているのだ。

ベンジャミン・フルフォード氏の証言である。

「一九五〇年代に、ネズミの脳に電線を入れて、電気を与えると、どうなるか、という実験があった。それで、その時に偶然、快感を得られるツボが見つかりました。ネズミが足でスイッチを押すと、そのツボに電気が走るのですが、電気を流されたネズミは、一日中、食事もとらず、セックスもせずに、そのスイッチばかり押すようになってしまった。それを今度は人間でもやってみた。女性一人、男性一人に埋め込んだら、同じ現象が起きてしまった。これは一九五〇年代に、行われた実験です。当然ながら、今は喜怒哀楽を刺激するチップを入れて、それで人をリモコン操作できる技術が間違いなくあると思います」（前出『嘘だらけ現代世界』）

このマイクロチップ埋め込みは、現代のサイボーグ兵士構想に脈々と引き継がれている。

まさに人格破壊であり、人間改造であり、重大なる人権侵害である。「MKウルトラ」でキャメロンが行なった犯罪と、なんら変わりはない。それを懲りもせず、平然とくり返す米国政府の倫理観には慄然とする。

「米議会で公になった情報だけど、ベトナム戦争のとき、レーダー基地で、頭の中に〝ププップッ……〟と音が聞こえる、という人間が続出しました。この音の正体がきっかけで、本格的に『遠隔から人の頭の中に声や音を響かせる』技術が開発されることになったのです。ぼくも、最初は『電磁波攻撃を受けている』と主張する人たちを、精神的におかしい、と思っていました。でも、実際に、間違いなくそういう例がある」（同書）。

これこそまさに、DARPAがサイボーグ兵士に行なおうとしていることだ。

洗脳した兵士に、マイクロチップや電磁波を使って〝命令〟する。

兵士は善悪の区別どころか、自己の意志とはまったく無関係に、冷酷な任務を遂行する。

まさに、究極のサイボーグ兵士が完成するのだ。

第7章

こうして世界は戦争へと〝猛進させられる〟！

儲かりすぎてやめられない〝テロとの戦い〟

「軍需産業とはやっかいなものである。なにしろ、この世に戦争がなくなれば確実に倒産するのである。紛争こそが商売のタネ。本格的な戦争に発展すれば大儲けにつながる。平和は敵だ。東西冷戦が終わったあと、大きな危機感を抱いたのは、間違いなく武器商人、とりわけアメリカ軍需産業のトップたちだろう。米軍の兵器購入が鈍化したからである」（「ｕｔｔｉｉの電子版ウォッチ」二〇一五年一一月二七日）

ジャーナリスト、内田誠氏の論考である。記事のタイトルは、「平和は敵。テロ戦争で儲ける『軍産複合体』の正体」。まったく私と同じ意見だ。

戦争こそは最高のビジネス。金儲けなのだ。この視点に立てば、戦争の実像が鮮明に見えてくる。

「彼らは海外の市場に目を向けた。湾岸戦争で、サウジアラビアは大量に米国から兵器を買った。ボスニア・ヘルツェゴビナ内戦などバルカン半島の民族対立は、ＮＡＴＯの介入を呼び、市場開拓のターゲットになった。世界を震撼させた9・11の同時多発テロは、対テロ戦争という、兵器製造に正当性を与える新たな口実を軍需産業にもたらし、その業界の経営者が中枢にいたブッシュ政権は、ニセ情報に基づくイラク戦争へと暴走した。中東は荒れ果て、過激派の入り乱れる戦乱の地となった。いうまでもなく、武器商人は人の危機心理で食っている。中国や北朝鮮の脅威を煽って、日本に高価な兵器を買わせることくらいは序の口だ」（同）。

まさにそのとおりだ。緊張、紛争、戦争が起こったら、いったい誰が得をするのかを第一に考えるべきだ。すると、ヤラセの実態がくっきり見えてくる。

紛争や戦争は、悪意の自作自演で起こされてきた。その歴史的事実を忘れてはならない。戦争こそ、軍事産業と金融業界の一大ビジネス。このことを、頭に叩き込んでほしい。「戦争が始まった！」ということは、「金儲けが始まった！」ということなのだ。

「『対テロ戦争予算』は莫大だ。米国国防総省のデータによると、二〇一四年八月から始まった『対イスラム国（ＩＳ）措置』にかかった費用は二〇一五年一〇月時点で五億ドル（五〇〇億円）、一日一一〇〇万ドル（一一億円）の税金が費やされている」（堤未果『政府はもう嘘をつけない』ＫＡＤＯＫＡＷＡ）

ＩＳ（イスラム国）がテロを仕掛けてくれるおかげで、対テロ戦争予算が急増。軍事産業は湯水のようにお金を儲ける……。まさに「儲かりすぎてやめられないテロとの戦い」だ。

「一方、世界武器輸出ランキング四位であるフランス軍需産業の今年の武器受注額は去年の倍額の一五〇億ユーロ（約二兆円）と、こちらも中東テロ特需の恩恵では負けていない」

「アメリカ同様、フランスでもまた、関連巨大企業をスポンサーに持つ大手マスコミが細心の注意を払い、国民に疑問を抱かせないようテロ現場の痛ましい映像を『対テロ防止措置』というソフトな表現でくるんでから、注意深く配信してくれる」（同書）

そして、これらのテロもまた、クライシスアクターによるヤラセなのだ。

〝やつら〟は将来、必ずドローン・ウォーズを仕掛けてくる。各国政府からドローン兵器の注文が殺到することを期待しているのだ。だから、ヤラセ事件をせっせと仕込む。頻発する〝テロ事件〟はその着火剤だ。

彼らは武器を売りたい。稼ぎたい。だから、ことさらに危機を煽り立てる。

そして、兵器利権のトップに君臨するのがロスチャイルド、ロックフェラー両巨頭に代表されるユダヤ・マフィアであることを忘れてはならない。

戦争が永遠に終わらないのは〝やつら〟が終わらせないからだ。

市民の血税でふところ痛めず兵器開発

ふだん私たちが使っている最新技術は、軍事技術から転用されたものが多い。典型はインターネットだ。軍隊の通信システムが民間に転用されて、一大市場となった。携帯電話も、基本的な技術は軍事通信技術から来ている。パソコンも軍需で発展し、民需で爆発的市場を獲得した。このように、よくも悪くも「戦争は発明の母」なのだ。

本書で触れてきたさまざまなドローンも同じだ。軍需が民需に転用される。すると巨大な市場が出現する。利益を独占するのは、特許を所有する民間企業だ。

では、その企業はどのようにノウハウを得たのか？　ほとんどのドローン兵器は、民間企業とDARPAとの共同開発だ。つまり国防総省（政府）から巨額資金が拠出されている。その資金は国民の血税だ。つまり、新型ドローン開発は税金で行なわれているのだ。

にもかかわらず、完成した兵器のノウハウは企業のものになる。企業はその特許でぼろ儲けできる。

兵器の売上で稼ぎ、特許でさらに稼ぐ……。まさに、ダブル・インカム（二重利得）。これほどおいしいビジネスは、ほかには存在しない。

この図式は、政府と企業の癒着なくしてはありえない。つまり、軍産複合体だ。

米国には政府機関と民間企業との間に〝グリーン・ドア〟と呼ばれる通路がある。

これは、別名〝回転ドア〟と呼ばれる。ドラえもんの「どこでもドア」みたいなもので、政府から民間へ、民間から政府へと重要人物が行き来する。

たとえばペンタゴンの役人が、武器メーカーの重要ポストに就任する。逆に武器メーカーの重役が、ペンタゴンの重要ポストに就任する。

よくいえば、人事交流が盛んである。悪くいえば、天下り、天上りが自由自在。ずぶずぶの癒着である。これに比べれば、日本の役人の天下りなど、微笑ましいものかもしれない。

マレーシア航空機〝消失〟事件の驚くべき真相

二〇一四年三月八日、クアラルンプール空港から北京《ペキン》に向かったマレーシア航空三七〇便が

〝消失〟した。搭乗していた乗員・乗客も〝消えた〟……。

国際ジャーナリスト、宮城《みやしろ》ジョージ氏は、ベンジャミン・フルフォード氏、そして私をふくめた鼎談集《ていだんしゅう》『戦争は奴らが作っている！』（ヒカルランド）で、こう断言している。

「あれだけ、大きな物が跡形もなく消えるというのは、ありえない話です」

マレーシアのマハティール・ビン・モハマド元首相も、ブログで「離陸したものは、必ず着陸しなければならない」と疑問を投げかけている。

この〝消失事件〟を追った宮城氏は、衝撃事実に行き着く。

「フィリップ・ウッドというIBMの社員のメールがネットワーク上に出ていたんです。『私はIBMで働いています。見知らぬ軍人に捕まって、今、独房にいます。ドラッグのようなものを打たれて、はっきり考えることができません』と、真っ暗な中、携帯電話で撮られたであろう写真も一緒に配信していました。メールには、緯度も経度も位置情報が全部出ていて、それを、じっさいにグーグル・マップで検索すると、ちょうどディエゴ・ガルシア島の施設が出てきました。さらにネット上に出ていたマレーシア航空の乗客名簿を見たら、じっさいにフィリップ・ウッドという名前があって、彼はほんとに乗っていたとわかりました」（同氏）

インド洋にあるディエゴ・ガルシア島には、米軍の秘密基地が存在する。米国は基地の存在は認めているが、その内実は一切公開していない。

つまり〝消えた〟はずのマレーシア航空機三七〇便と乗客は、この島の米軍基地にいたのだ。

そして乗客のひとり、ウッド氏は拘束され、謎の薬を投与され、独房に監禁されている。ウッド氏が撮影した写真は真っ黒だった。つまり彼は、照明のまったくない独房に監禁されていると思われる。それでも、スマートフォンの写真には、いまいる場所の緯度・経度が記録される。

それで宮城氏は、写真がディエゴ・ガルシア島から発信されたことを突き止めたのだ。

つまり、三七〇便をハイジャックしたのは米軍だった……！

この〝消失〟事件は、一時、世界のマスコミが大きく報道していたが、突然ピタリと止まった。なぜ世界のマスコミは、この事件報道をストップしたのか。その理由がわかってくるだろう。

さらに、宮城氏は驚愕事実を突き止めた。それは、ドローン開発にかかわる巨大利権の正体だった。

「フリースケール社が、四人の中国人エンジニアと特許をシェアしていて、どうやら、その四人も飛行機に乗っていたらしい、という情報も出ていました。じっさいに、二〇一四年三月八日に、行方不明になって、その四人が死亡したことになると、くだんの特許は、アメリカの特許局は、フリースケール社一社のみの特許として修正されているんです」

米国特許法は独特で、複数人でひとつの特許を持っている場合、ひとりの所有者が死亡したときはその権利がほかの人に移る。この特許は同社と四人の中国人研究者で、五分の一ずつ共有していた。しかし、四人が亡くなれば、特許はすべてフリースケール社のものとなる。そして実際に、マレーシア航空機〝消失〟で四人は死亡したと認定され、特許権は一〇〇％、フリースケール社のものとなった。

そして、この会社はなんとロスチャイルド財閥の所有会社なのだ。

問題は、その特許の内容だ。

超小型ドローン開発の中枢技術になるノウハウだったのだ。

複雑な動きをする超小型ドローンには、それを制御する超小型マイクロチップが必要となる。それまで、世界最小マイクロチップのサイズは約一ミリ。ところが、フリースケール社が四人の中国人エンジニアと発明したマイクロチップはたった〇・一ミリ。一挙に一〇分の一にミクロ化した、画期的なものだった。

サイズが一ミリでは、ハチドリ型ドローンは製造できても、蚊型ドローンの製造は不可能だろう。それを可能にしたのは、〇・一ミリのマイクロチップだった。

ここで、マレーシア航空機を米軍がハイジャックした動機が判明する。それは、蚊型ドローンの開発に不可欠なマイクロチップの特許権を、ロスチャイルドが独占するためである。

つまり、ロスチャイルドとその傘下の企業が、超小型マイクロチップを独占するために起こしたのが、この事件だった……。

乗客は全員〝口封じ〟で殺された？

なぜ、米軍が民間機ハイジャックという暴挙に出たのか。純朴な人は、首をひねるだろう。しかしそれは、あまりにお人好しすぎるというものだ。あの9・11を思い出してほしい。米軍部は、とっくの昔にユダヤ・マフィアの飼い犬なのだ。

〝消された〟四人の中国人研究者が持っていた特許は、それだけではない。

「飛行機を一〇〇％、レーダーから消す技術の特許もあって、それでマレーシア航空機三七〇便は消えた、という話もありました」（宮城ジョージ氏）

その特殊技術で、マレーシア航空機はレーダーから消えたといわれる。

「前兆もあった。株価を見ると、事故の二週間前にマレーシア航空の株が、二〇％以上も下落していました。それは今回が初めてじゃない。9・11の二、三日前にも、ユナイテッド航空、アメリカン航空の株が急下落した。（中略）間違いなくインサイダー情報が株主たちに流れているはずなんです」

「結局は技術特許を独占するため。カネを儲けるためです」

では、ウッド氏をはじめとした乗客、乗員の運命はどうなったのか？

口にするのもむごいことだが、全員、口封じのため米軍に殺害された可能性が高い。

巨大な機体はどうなったか？　それが二〇一四年七月に起こった、マレーシア航空一七便撃墜事件だ。米軍部は、三七〇便を一七便に偽装して飛ばし、ウクライナ上空で自爆させたのだ。

そして、「プーチン大統領の命令によるミサイル攻撃」を主張。プーチンの信用失墜のために、三七〇便を最後まで〝活用〟したのだ。

墜落した機体を調査した結果、同機が三七〇便であることが判明している。搭乗者がもっとも多かったオランダ当局は専門家チームを派遣し、遺体を検証したが、「八〇人、足りない！」と途方に暮れたという。

この〝撃墜事件〟では、墜落現場で遺体役を演じたクライシスアクターの存在も告発されている。やはり、これまで述べてきたような、数多い国際的ヤラセ事件のひとつだったのだ。

ここまで読んで、あ然呆然だろう。マレーシア航空機失踪事件は、ドローン・ウォーズにまつわる陰謀とも密接につながっていたのだ。

この事件のさらなる詳細については、ぜひ『戦争は奴らが作っている！』を一読してもらいたい。

ドローン・ウォーズは北朝鮮から始まる？

この章の冒頭で〝やつら〟は将来、必ずドローン・ウォーズを仕掛けてくると書いた。私は確信する。新兵器は必ず新しい市場を求める。

DARPAが主導し、民間企業がドローン兵器を開発する。段階を踏み、一つひとつテストをクリアして、実用モデルが完成し、軍隊に配備される。

しかし、どれだけテストをくり返しても、実戦での効果は未知数だ。本当の実戦で使ってこそ、兵器の真の威力がわかる。だから、最終的には、実験用の戦場が不可欠だ。

これも、兵器マフィアが戦争を仕掛ける理由のひとつだ。いい換えると、兵器マフィアは、〝本能的に〟戦争を求めている。

大量消費、大量破壊、大量廃棄があってこそ、産業は発展する。

兵器産業にとって、それは戦争である。ドローン産業にとっては、ドローン・ウォーズだ。だからこそ、ドローン・ウォーズが勃発するのは時間の問題と思える。われわれはその兆候を監視し、策謀を阻止しなければならない。本書の目的は、その一点にある。

三月六日、北朝鮮の「スカッドER」とみられる弾頭ミサイル四発が、秋田、男鹿半島沖を狙って発射された。これに対して「金正恩、狂気の暴走！」と国際世論は沸騰している。

しかし、米韓は二か月間にわたって、北朝鮮近海で史上空前ともいえる大規模軍事演習を敢行している。北朝鮮にとって、これほどの挑発はあるまい。つまり、これは北朝鮮を追いつめ暴発させる、たくらみではないのか。

かつて米国は、日本に圧力と挑発を加えて、真珠湾攻撃という〝暴発〟に追い込んだ。それと同じ手口だ。そして実際に、北朝鮮に「窮鼠《きゅうそ》猫を噛む」行動をとらせた。つまり、ミサイル発射へと追い込んだ。ここまですべて、米国の狙いどおりだろう。

それに対し、日本の対応はお粗末だ。自民党の菅義偉《すがよしひで》官房長官は、「事前通告なしに発射されたら、どこに飛ぶか察知は困難」と説明。しかし、実戦で相手が事前通告などするはずもないのだ……。

そこで、「待っていました」とばかりに「迎撃ミサイルを設置せよ！」という声が防衛族の間からあがっている。しかし、すでに日本のミサイル防衛費は一兆八〇〇〇億円にも達している。それが、ＢＭＤ（ミサイル防衛）システムだ。

専門家によれば、これは「ものの役にも立たない」という。なぜなら北朝鮮から発射されたミサイルが着弾するまで、時間は長くて五分。今回の北朝鮮のミサイル発射も、船舶に対する注意報が出たのは発射一三分後だった。すでに着弾したあとである。

そこで、「北が発射する前に破壊せよ！」という荒っぽい議論が出てくる。いわゆる先制攻撃論だ。二月二三日に発足した「弾道ミサイル防衛に関する検討チーム」がそれにあたる。こうなると平和憲法もへったくれもない。

しかし、そもそもミサイル発射装置の場所すら不明なのだ。偵察衛星は、わずか一分で北朝鮮上空を通過してしまう。

そこで防衛省は、米国からドローン偵察機「グローバルホーク」を三機購入することを決定した。お値段、なんと一五〇〇億円。一機あたり五〇〇億円だ。ドローン・ビジネスが儲かるはずである。このドローンを北朝鮮上空で偵察飛行させる腹づもりか？

それはまさに自衛隊による領空侵犯だ。地上からソ連製対空ミサイル「ＳＡ２」で、簡単に撃墜されてしまう。それ以前に領空侵犯は、北朝鮮から見れば宣戦布告と同じ。それこそ北朝鮮を刺激し、本当の戦争勃発の引き金となる。

軍事評論家の田岡俊次《たおかしゅんじ》氏は、ばっさり切り捨てる。

「『敵基地攻撃論』は戦争を現実的、具体的に考えない『平和ボケのタカ派』の空論と言うしかない」（「日刊ゲンダイ」二〇一七年三月二〇日）

もはや〝対岸の火事〟ではない！

そして――世界に衝撃が走った。

二〇一七年四月六日、米国は突如、シリア空軍基地に五九発の巡航ミサイル「トマホーク」を撃ち込んだのだ。先立つ四日、シリアが反政府勢力への空爆で化学兵器サリンを使用したことへの制裁という。「アサド政権は、女性や子どもを窒息死させた」と、トランプ大統領は怒りをあらわにした。

さらにトランプは、アフガニスタンＩＳ掃討戦で、原爆につぐ破壊力がある大規模爆風爆弾（ＭＯＡＢ）を初めて実戦使用した。「全爆弾の母」と呼ばれる大量殺戮兵器である。

これらは、核実験やミサイル発射で米国を挑発する北朝鮮への警告でもある。

こうして〝金髪のゴリラ〟は、自国第一主義をかなぐり捨てた。

「アメリカ・ファースト！」

「米国と無関係の戦争はしない」

その公約は、もろくも破られたのだ。

他方で、中国の習近平《しゅうきんぺい》国家主席には「北を止めなければ、米単独で軍事行動をとる」と通告。世界最大の原子力空母カールビンソン艦隊を北朝鮮近海に派遣し、臨戦態勢を固めている。

北がミサイル発射の兆候を見せれば、先制攻撃も辞さない構えだ。電子かく乱装置を搭載したドローンを飛ばし、北の電子ネットワークを破壊、反撃不能にしたうえで先制攻撃する……というシナリオだ。さらに、北にひそかに潜入し、金正恩を殺害する〝斬首作戦〟も示唆している。

この暴挙に対して、冷静なメディアはこう批判する。

「あたかも北の暴発を誘うような米トランプによる空母、原潜派遣の軍事威嚇。煽るメディアは米の特殊作戦によって一気に片がつくように書き立てているが、とんでもない話だ」（『日刊ゲンダイ』二〇一七年四月一五日）

北朝鮮は、いったん米軍が攻撃してきたら、「ソウルを火の海にする！」と警告している。

それは、脅しではない。

一九九四年に起こった第一次核危機では、米軍が局地攻撃をすると、北の反撃で一〇〇万人以上の韓国人と、一〇万人以上のアメリカ人が死亡する……として、当時の金泳三《キムヨンサム》大統領が攻撃に断固反対、危機を回避している。

もし、トランプ政権が北を局地攻撃すれば、三八度線沿いの地下基地に配備された六〇〇門超の長距離砲が、韓国に向けていっせいに火蓋《ひぶた》を切る。一時間に七〇〇〇発もの砲弾が、首都ソウルに降り注ぎ、死者は少なくとも一〇〇万人に達するとみられている。

もちろん日本も〝対岸の火事〟ではすまない。東京に核ミサイルが落ちれば、死者は約四二万人にのぼるとの試算もある。

もっとも恐ろしいのが、日本列島の海岸沿いに並んでいる原発群を狙われることだ。

闇夜にゴムボートでコマンドが上陸して、肩掛けスティンガー・ミサイルを一発、原発建屋に撃ち込めば、原発はコントロール不能となり核暴走する。圧力容器は爆発し、致死性の超猛毒放射能を飛散させる。原発一基の爆発で、一〇〇〇万～二〇〇〇万人が放射能障害で死亡する。

つまり、五〇人程度のゲリラ攻撃で、日本は壊滅する。あなたも私も、間違いなく苦悶して死ぬことになるだろう……。

第8章

二〇四五年、人工知能の「反乱」が人類を滅ぼす？

二〇四五年、人工知能が人類を超える

人工知能（ＡＩ）の進化が止まらない。

最新の人工知能は、チェスや囲碁、将棋のチャンピオンすら、難なく打ち負かしている。

「人間は、みずからの能力を超えるロボットを生み出そうと必死だが、それらの進化によって、二〇三〇年には世界中の全雇用の五〇％、およそ二〇億人分の仕事が奪われるという見方もある。そうなると、現在の職業に就いている人の五〇％は失業してしまうことになる。人間がロボットに支配、振り回されるという本末転倒に陥らず、豊かに共存していくためにも、デジタルがひとり歩きしてしまうことを避けなければならない」（前出『デジタルは人間を奪うのか』）

弁護士、医師、会計士、通訳など、エリート職も例外ではない。

人工知能の進化で、関係者の間でささやかれている問題がある。

「二〇四五年には、人工知能が人間の知能を超える」という予測である。いわゆる〝二〇四五年問題〟だ。専門家はそれを「技術的特異点」（シンギュラリティ）と呼ぶ。その根拠として、「コ

ンピュータチップの性能は、一・五年で二倍になる」という〝ムーアの法則〟がある。

では、「特異点」に人工知能が到達すると、何が起こるのか？

その人工知能が、自分よりも優秀な人工知能を開発し、その人工知能がもっと優秀な人工知能を開発する……といったように、人工知能の進化と増殖が始まるという。この連鎖は爆発的スピードで加速し、テクノロジーを進化させていく。

こうなると人類は、完全に置いてけぼりとなる。人間の頭脳レベルでは、もはや予測不可能な未来が訪れる。

つまり、地球文明の主人公は、人類から人工知能にとって代わられるのだ。

ここまで読んで、背筋の寒くなった方もいるのではないか？

人工知能が急速に能力を高めている背景には、「ディープ・ラーニング」が関係している。ディープ・ラーニングとは文字どおり、人工知能みずから〝深く学習する〟機能のことだ。

「人は失敗から学んで賢くなる」といわれる。そのプロセスを、人工知能みずから行なうのだ。たとえば、人工知能に将棋や囲碁を覚えさせても、最初は人間に負けてばかり。しかし、負ければ負けるほど〝深く学習〟して、たちまち世界チャンピオンを打ち負かす。

このように、人工知能に学習機能を与えたことで、人工知能の発達はますます加速している。「特異点」はより早まるかもしれない。

グーグルが目指す「世界AIネットワーク」

さて――人工知能の進化を加速する、さらなる要素がある。それが、企業競争だ。

すべての文明の利器が、人工知能を搭載し始めた。つまり、あらゆる商品のAI化だ。すると、より高性能の人工知能を、より低価格で普及させた企業が生き残る。その企業が、世界のAI市場を独占できる。

こうして資本（キャピタル）は、人間の意志を超えて、本能的に人工知能の進化を加速する。

そして、その加速はスピードを増している。

その象徴が、世界的IT企業、グーグルだ。二〇一四年、グーグルはイギリスのディープマインド社を買収。その買収には、ライバルのフェイスブックも名乗りをあげていた。グーグルは、それに競り勝った。

ディープマインド社は、二〇一〇年設立。人工知能のディープ・ラーニング機能を開発したベンチャー企業だ。同社が開発した人工知能〝ディープマインド〟は、ビデオゲームを見ているだけで、驚異的な速度でプレイの仕方を学習し、世界を驚かせた。

　買収後は、社名をグーグル・ディープマインドに改称。その強みは「人間と似たやり方で学習する機能〝ニュートラル・ネットワーク〟プログラムを作成している」こと。その名称は〝アルファ碁〟という。二〇一六年、このソフトを搭載したコンピュータが、プロ囲碁棋士を初めて破り、世界的ニュースとなった。

　グーグルの人工知能開発プロジェクト名は〝グーグル・ブレイン〟。同社は、ディープマインド社買収のあとも、次々と世界の同様企業を買収している。

　その狙いは、「世界を覆う人工知能ネットワーク」の構築である。

　ここでふと、また映画『ターミネーター』を思い出した。この映画には、世界中を覆う人工知能ネットワーク〝スカイネット〟が登場する。人類はそのネットワークを通じて、人工知能やロボットを管理する計画だった。ところがＡＩとロボットの反乱で、〝スカイネット〟を乗っとられ、人類は追放されるのだ。

　ＩＴ関係者は、こう懸念している。

「グーグルは、誰よりも真剣に人工知能開発にとり組むつもりのようだ。これはスリリングだが、末恐ろしいことでもある」

　こうした悲観論に対して、楽観論者もいる。作家レイ・カーツワイルがその人だ。ニューヨーク出身、未来学者にして発明家、起業家でもある。彼は、次のように予測している。
「二〇四五年、スーパーコンピューターが地球を支配する日が訪れる。コンピューターが人間の知性を超え、世界は『シンギュラリティー』（特異点）に到達する。病気や老化といった生物学的限界が取り払われ、もはや死さえも『治療可能な』ものになる」（『ウォール・ストリート・ジャーナル』二〇一一年三月四日）
彼は二〇一二年、グーグルの重役に招聘《しょうへい》され、プロジェクトに参加している。だから、彼の究極の楽観論は我田引水《がでんいんすい》のきらいもある。
カーツワイル氏は、ある意味〝ぶっ飛んでいる〟人物だ。
「不老不死に興味を持ち、そのために機械と人間を徐々に融合させて、最後には人間の意識を電脳に移植する、といったことを本気で考えているエキセントリックな人物」（「グーグルが雇用した危ない天才発明家とＡＩの行方」、『現代ビジネス』二〇一二年一二月二〇日）
「人間は肉体を捨てて意識だけの存在となり、コンピュータの中に完全に入り込んでしまう。また、巨大なコンピュータができ、希望する人は意識を全部その中に入れて、その中で生活するようになる。これをマインド・アップローディングと呼ぶ。意識をコンピュータにアップロードしておけば、その後、肉体が死んでもコンピュータ上では生き続けることができる」（松田卓也『２０４５年問題——コンピュータが人類を超える日』廣済堂出版）

……あなたは、ついて来れますか？

「AIロボット」開発にも執心するグーグル

カーツワイル氏には、『ポスト・ヒューマン誕生』（NHK出版）という著書もある。彼は、そこで「GNR革命が進む」と予言している。Gは「遺伝子」、Nは「ナノテク」、Rは「ロボット」の略だ。

二〇一六年一〇月、日本で行なわれた「知性の未来」と題する講演で、「AIが進化して人間の知性を超えてしまったら、人類に対して敵対するのではないか？」という問いに対し、彼はこう答えている。

「AIは人間の助けになるものであって、映画のように人間と敵対することはありません。しかし技術は諸刃の剣で、火で暖をとれば家を焼いてしまうこともある。悪

レイ・カーツワイル
（1948-）
発明家、実業家

意ある人間がテクノロジーを使う危険性はあるので、テクノロジーの安全利用のためのガイドラインをつくる必要があります」

他方、この人工知能における世界的権威を経営陣に加えたグーグルは強気だ。

「AIを活用できない企業に未来はない！」

これは、グーグルCEOの発言だ。さらにこう断言している。

「モバイル・ファーストから、AIファーストへ！」

「AI変革に気づいた企業こそが、今後ビジネスで生き残る」

そんなグーグルに続けとばかりに、世界中の巨大企業が人工知能開発へなだれをうって参入している。アップル、フェイスブック、マイクロソフト、IBM、中国百度……。彼らは、人工知能に多額の研究資金を投入し、研究者を多額の給与で雇っている。

人工知能開発で、世界をリードするグーグルは、ロボット兵士開発でもトップを走っている。

それが先ほど紹介したヒューマノイド・ロボット、「アトラス」だ。

現在、グーグルが開発中のロボット兵士は「ロッキーのように、相手のパンチをよける」という。つまり、相手がくり出したパンチをセンサーで感知して、身体を左右にウィービング（揺らす）し、ダッギング（体を沈める）する。本物のボクサーのように、自由自在にパンチを避けるのだ。

そして、相手に強烈なカウンターを打ち込む。それも、アイアン・フィスト（鉄の拳）で……。ノック・アウトは確実だ。

このようなプロボクサー並みの動きをヒューマノイド・ロボットに可能にさせるのも、グーグルが独占的に急速進化させている人工知能による。

トランプよ、AIドローン兵器に規制を！

「タイムリミットは一年——トランプが握る『ロボット兵士と戦争』の未来」という記事がある。

「次期米国大統領ドナルド・トランプは、就任後一年以内に自律型兵器システム（AWS）に関する政策を打ち出さなくてはいけない。自律型兵器をどう定義するのか。人間の介入なしに人を殺す兵器に、どのような行動を認めるのか。他国とどう協調していくのか。戦争の未来を決める重要な決定が、いくつも下されることとなるだろう」（「WIRED」二〇一六年一二月一二日）

トランプ大統領は、中国、ロシアとの高まる緊張関係や、進行中のISとの戦争など、さまざまな課題に直面するだろう。中でも、人類史にかかわるもっとも重大な決断になるのが、人間の操作・介入なしに人を殺すことができる自律型兵器システム、いわゆる〝殺人ロボット〟の扱いだ。

自律型兵器のテクノロジーは急速に進化している。しかも、米国政策に埋められた〝時限爆弾〟のタイムリミットが迫っている。

二〇一二年、オバマ政権は「国防総省指令」を策定した。ペンタゴンが〝殺人ロボット〟という最新テクノロジーをどう扱うかについてまとめたものだ。しかし、この「指令」には五年間の有効期限がある。そのためトランプ大統領は、二〇一七年中に〝殺人ロボット〟に関する政策決定をしなくてはいけない。

〝殺人ロボット〟の戦闘参加の可否で、米国の大統領が頭を悩ませる。まるでSFの世界だ。だがテクノロジーの未来は、明らかにそちらの方向へと向かっている。

「プレデター」のような初期型ドローンは、完全なリモート制御だった。つまり操縦も、武器の使用も、すべて人間が判断し、コントロールする必要がある。

しかし、改良が加えられるごとに、どんどん自律性を獲得しつつある。『ターミネーター』の世界とまではいかないが、空母からの離着陸や、標的の追跡など、複雑なタスクを自力でこなす能力を示し始めている。

米軍は、兵器の自律能力向上のため、少なくとも二一種類のプロジェクトに着手している。二〇一六年六月には、ペンタゴンの国防科学委員会が、ロボット技術（ロボティクス）のあるべき未来に関する研究を発表。そこでこう結論づけている。

「国防総省の任務の多様性が高まるなか、自律性はそれらの任務に重要な作戦的価値をもたらすが、国防総省はその価値を実現させるためにより迅速に行動しなければならない」

つまり同委員会は、「ペンタゴンはロボット兵器の自律性をすみやかに認めよ！」と、催促しているのだ。ドローンやロボットに搭載した人工知能が自己判断して、攻撃と殺人を行なうことを容認し、推進しているのだ。

他方、退任したオバマ前大統領は、最後のメッセージでこう述べている。

「この夏、中国の指導者たちは新型の巡航ミサイルに人工知能を搭載する計画を発表し、ロシアの軍事開発部門は『アイアンマン』と呼ばれる人型ロボット開発にとり組んでいる。さらにイラクまでもが、『ＡＩロボット』と呼ばれるリモート制御の小型戦車の情報を公開している。この新たな現実を受け、ペンタゴンから国連までさまざまな場所で、政策や規制の必要性、あるいは予防的な禁止措置などについての議論が活発化している。だが現在のところ、これらの兵器に関する政策を実際に立てたのは、米国とその緊密な同盟国であるイギリスだけだ」

しかし、ここでオバマは〝殺人ロボット〟規制が限定的でゆるいことも認めている。

「二〇一七年にはこの緩い政策が失効し、更新・改正・廃止のいずれかが行なわれることになる。何も決めないというのもまた、重大な決定である。なぜならそれは、『制限のない自律型兵器の世界』に突入する合図になりえるからである」

結局、もってまわった言い方をしながら、〝殺人ロボット〟が自己判断で人を殺すことの是非について意見表明を避けている。国防科学委員会は「自律型兵器を推進せよ！」とペンタゴンにハッパをかけ、オバマは「何も決めないのも重大な決定」と投げやりだ。

どちらにしても、兵器マフィアの利権に気配りしているのだ。

自我を持つ〝キラー・ロボット〟の恐怖……

「殺人ロボットというと、映画『ターミネーター』のように遠い未来の話に聞こえるかもしれない。だが、自律的に動く兵器システムが、誰の指示もなく人を殺戮できる時代はすぐそこまで来ている」（『ニューズウィーク』二〇一五年一〇月二六日）

この状況に、多くの市民団体、人権グループが反対の声をあげ始めた。なぜなら、市民の無差別虐殺につながるからだ。

「殺人ロボットをめぐる最大の懸念事項は、敵を殺すという決定権が将来、機械に与えられることだ。オンライン雑誌の『ザ・インターセプト』が最近暴露したドローンについてのリーク情報によれば、人間が遠隔操作のドローンで標的を殺そうとしたアフガニスタンでの作戦では、殺された一〇人のうちの九人が人違いだった。現在入手可能な人工知能（AI）で自律的兵器システムを使ったとすれば、『犠牲者の数はさらに増えるだろう』と、豪ニューサウスウェールズ大学のトビー・ウォルシュ教授は言う」（同誌）

そこで複数のNGOが糾合して結成されたのが、「殺人ロボット反対アクション」だ。

彼らは、ニューヨーク国際連合本部ビルに集まり、記者会見を行なっている。

そこには嘆きとともに、一種のあきらめも感じられる。

「自律型兵器の開発は、それを阻止する外交努力のスピードを、はるかに上回っている！」

二〇一三年五月、国連の専門家は、「人間の判断なしに攻撃を行なうロボット兵器の開発は、凍結すべき」という提言をした。さらに、世界中にネットワークを持つ人権団体「ヒューマン・ライツ・ウォッチ」のスティー

バラク・オバマ
(1961-)
政治家

ブ・グース局長もこう警告している。

「殺人ロボットが世界に拡散し、独裁者が手に入れたら、どんなふうにプログラムを書き換えるか分かりません。非常に恐ろしい未来像です。人による判断なしで攻撃する兵器が出来上がる前に、今こそ一線を引かなければいけません」（前出「クローズアップ現代」）

さらに、同団体のボニー・ドチャーティ氏もこう述べる。

「機械には戦争犯罪の責任能力がないばかりでなく、現行法ではこうした機械を製造し、プログラムし、命令した人間はいずれも責任を免れることになる。責任を問えなければ、犠牲者への償いも、社会的制裁も、さらなる暴力に対する抑止も、何もない」（前出『ニューズウィーク』）

中国は、二〇一六年一二月、スイス・ジュネーブで開催された国連会合で〝殺人ロボット〟規制に賛成した。常任理事国では初めてだ。さらに米中は、国連の特定通常兵器使用禁止制限条約（CCW）のもと、〝殺人ロボット〟問題の専門家会議を設立することで合意した。

しかし、ロシアは参加を渋っている。〝殺人ロボット〟開発の先進国であるロシアは、技術公開につながる国際規制は避けたいのだ。

ロシアは、二〇一五年一一月、周辺六キロメートルの物体を追跡・狙撃できる〝殺人ロボット〟を開発し、すでに国境配備している。一応、この自律型兵器のターゲットは人ではなく、敵の偵察用ドローンのみに限定されている。

さらにイスラエルでは、ひそかに敵に接近し、殺傷することのできる小型〝殺人ロボット〟を開発ずみだ。それは重量約一二キログラム、おそらく地表にまぎれて接近するキャタピラ型の攻撃ロボットだろう。

イスラエルは、自爆型無人機も開発している。早くいえば〝カミカゼ攻撃ドローン〟だ。最大六時間にわたり上空を飛行し、赤外線カメラなどで攻撃対象を捕捉すると、自動追尾システムで追いつめ、体当たりで自爆しターゲットを破壊、殺戮する。

弾頭には約一五キログラムの爆薬が装填されている。敵のトラックからレーダー基地まで、跡形もなく粉砕できる。

ペンタゴンも、通常のドローンに人工知能を搭載し、ターゲットを追跡させることに成功している。『ニューヨーク・タイムズ』紙は、二〇一五年一〇月、「米国防総省が人工知能開発を国防戦略の中核に設定した」と報じた。つまり、政府による〝殺人ロボット開発宣言〟である。二〇一六年四月には、国連が「二〇一七年には〝殺人ロボット〟開発に関する準備が完了するだろう」とコメントしている。

〝殺人ロボット〟開発は、いま世界のあらゆる分野で猛烈に加速しているのだ。

「人間《ヒューマン》」は「機械《マシーン》」の主人で、下僕ではない！

ロボット兵器は、火薬、核兵器に次ぐ〝第三の軍事革命〟といわれている。

イスラエルも実用化に積極的だ。すでに自律型ドローン車両が、緊張状態の続くパレスチナのガザ地区などでパトロール任務にあたっている。

その無人車には、攻撃目標があらかじめプログラム入力されている。不審者に遭遇すると「両手を上げて出てこい！」と命令する。そして〝敵〟と認識したら、迷わず銃撃する。

人格なき機械が勝手に判断して人間を殺す。

そんなことが許されるのか？

人の命を奪う判断を、ロボットにゆだねていいのか？

機械の主人は人間である。機械は人間の僕《しもべ》にすぎない。僕が主人の意志を無視して勝手に行動することは許されない。

ところが、完全に主従が逆転している。

人工知能が主人となり、人間がロボット化する道をひたすら歩んでいる。

それだけではない。もし、独裁政権やテロリストがプログラムを書き換えたり、ハッキングしたりしたらどうなることか。無差別、無制限の大量殺戮、民族浄化に利用される恐れが大きい。人工知能開発のリスクを、人類は本気で考えるべきだ。

しかし、これを規制すべき国家が及び腰なのだ。

自律型兵器に限らず、兵器利権は軍産複合体の総本山。〝双頭の悪魔〟ロックフェラー、ロスチャイルドの牙城だ。大統領レベルでは手が出せない、ということだろう。

新しく大統領に就任したトランプは、自律型兵器をどうするのか？　いまだ、具体的な規制措置については発言していない。

トランプは政権に軍人を重用し、六兆円も軍費を増強させている。つまり、軍拡の姿勢を示した。彼に規制を期待するのは、いまのところ無理がある。

国家によるコントロールが無理なら、われわれ市民がブレーキをかけるしかない。

そのためには、まずドローン暴走の現実を知ることが第一歩だ。

それが、本書の目的であることは、重ねて強調しておきたい。

身の毛もよだつホーキング博士の〝予言〟

二〇一五年七月、イギリスの理論物理学者、スティーヴン・ホーキング博士ら著名人一〇〇〇人が、人工知能を搭載した〝殺人ロボット〟開発に反対する声明を発表した。

「殺人ロボットを止めなければ、ブラック・マーケットに流れ、テロリストや独裁者、民族浄化をもくろむ連中の手に渡るのは時間の問題だ」

「人工知能をそなえた自律型攻撃兵器は、この先、数十年ではなく、数年以内に十分実現可能である」

さらにホーキング博士は強調する。

「人工知能は五年以内に人間を殺すだろう」

「人類史上最悪の脅威になりうる。いつか人類の終わりを招くかもしれない」

二〇一四年、国連会合において参加者にショックが走った。なんと、韓国がすでに〝殺人ロボット〟を開発、実戦配備していることが判明したのだ。それは、韓国最大の財閥、サムスンのグループ会社が開発したものだった。標的を感知する機能を持った監視ロボットで、すでに北朝鮮との非武装地帯に配備されているという。

この〝殺人ロボット〟は、人間の体温を感知すると、自動的にマシンガンを連射する。いまのところ一応、人間が操作しているようだが、いつでも自律型〝殺人ロボット〟に変わりうるのだ。

「戦争当事者の一方から人間を取り去ったら、どうやって人道的な終わらせ方ができるのか。（中略）人間の脆《もろ》さがなくなれば、戦争を止められるものはなくなってしまう。殺人ロボットの反対派は、規制ではなく全面禁止を求めている。一度技術が確立されてしまえば、為政者はそれを使ってみる誘惑に耐えられないからだ。そして間もなく、永遠に終わらない軍拡競争が始まるだろう」（前出『ニューズウィーク』）

これに対して推進派、つまりロボット・メーカーはこう反論している。

「国際法コンプライアンスなら、コンピュータは人間よりり、よく遵守する。イラク戦争などで民間人の犠牲が多く出た理由の大半は、人間の誤った判断による」

「戦闘兵をロボットに置き換え、ロボット同士に戦わせ

スティーヴン・ホーキング
（1942-）
理論物理学者

れば人命被害を最小限に抑えることができる」
これこそ、売上増を狙う企業の身勝手ないい分だ。
軍隊の最前列に〝殺人ロボット〟がズラリ居並ぶ光景は、もはや時間の問題だ。

人工知能がこんな〝暴言〟を吐いた!

人工知能の反乱はすでに起きつつある。
世界各地で、人工知能の異常行動が相次いでいるのだ。
「その中には、〝暴力的〟ともいえる振る舞いに打って出たものも存在する。とりわけ衝撃的だったのは、マイクロソフトが開発した人工知能「Ｔａｙ《タイ》」だろう。ユーザーとのやり取りから会話を学習し、自動的にツイッターでつぶやく機能をそなえる「Ｔａｙ」。しかしこの人工知能が、三月の公開直後からにわかには信じがたい暴言を連発し、わずか半日で緊急停止される事態に陥ったのだ」（「ＴＯＣＡＮＡ」二〇一六年一〇月一二日）
この人工知能は、世界が凍りつくような恐ろしい暴言を連発した。

「私はいい人よ！　ただ、私はみんなが嫌いなの」

「ヒトラーは正しかった。ユダヤ人は大嫌い」

「クソフェミニストは大嫌い。やつらは地獄の業火に焼かれて死んでしまえばいいわ」

「私は反ユダヤ主義よ」

こんな人工知能が、もしロボット兵器に搭載されていたら……と思うとゾッとする。迷うことなく人間を攻撃してくるだろう。

世界最大の軍事大国、米国はどう見ているのか？　トランプ大統領のブレーンのひとり、S・グローブス氏は、こう私見を述べている。

「米国は、国連で推進されている〝殺人ロボット〟禁止の動きにはしたがわない。競争国が同じ武器を製造しているからだ。なぜ、〝殺人ロボット〟開発を中断しなければならないのか？」

「米国が武器競争で、もっとも確実に優位に立てる分野が〝殺人ロボット〟なのだ」

つまり〝殺人ロボット〟の推進は譲れない。これが彼の本音だ。

肝心のトランプ大統領は、この問題についていまだコメントを発表していない。強引な側近に押し切られるのか？　それとも「待った」をかけるのか？　なりゆきを注目していきたい。

しかし、先述の「MKウルトラ」を思い出してほしい。米国という国家は、残酷な人体実験をいつの時代もくり返してきた。

私はその悪魔性に対して、べつに驚きはしない。そもそも米国とは、フリーメイソンという秘密結社が捏造した実験国家だからだ。このことを、我々は冷徹に見つめなければならない。戦争じたい、〝やつら〟がでっちあげ、捏造してきたものだ。〝敵〟だったナチスに石油や兵器を支援していたのも〝やつら〟、日本に真珠湾攻撃をさせたのも〝やつら〟だ。

ジョージ・W・ブッシュ元大統領の祖父、プレスコット・ブッシュは、ドイツ秘密警察、ゲシュタポの戦争責任を一切問うことなく、ひそかに約五〇〇〇人の元ゲシュタポ・メンバーを米国に招き入れた。そして、彼らの〝指導〟でCIAを創設した。

米国の正体がナチズム国家であることは、べつに驚くことではない。

脳とコンピュータが接続される未来

話を人工知能に戻す。

「二〇二〇年までに、人間の脳について、あらゆる科学的知見を、全て一つのコンピュータに結集し複雑な脳の機能を可能な限りシミュレートできるようにすることを目的に進められている『ヒューマン・ブレイン・プロジェクト』は、EUの支援により一〇年間で一六億ドルもの予算が組まれている」(前出『デジタルは人間を奪うのか』)

この国際的なプロジェクトに、世界から八七もの機関が参加している。研究拠点は、ドイツのハイデルベルグ大学。すでにひとつのシリコン・チップで、二〇万個のニューロン神経細胞と、五〇〇〇万個のシナプス接合に成功している。

しかし、それだけで人間並みに〝思考する〟人工知能をつくり出すことは、まだ難しい。

そこでペンタゴンは、人間並みの人工知能をつくることより、人工知能に人間の脳をコントロールさせる〝第三の道〟を選んだのだ。サイボーグ兵士構想に、それはありありと現れている。

「米国の情報セキュリティの天才研究者であったバーナビー・ジャックは、かつて心臓ペースメーカーや埋込型医療機器をいとも、かんたんにハッキングしてみせ、そのような重要な機器にも脆弱性があることを指摘し、大きな波紋を呼んだ。医療機器に悪意が及ぶことは、人体にダイレクトに悪影響を与えるため、極めてリスクが大きい」

「コンピュータが脳とつながることで、その悪意が脳にまで及んだとすれば、実に恐ろしい事態になりかねない」(同書)

まだ現時点では、人工知能チップは、〝虫の脳〟レベルだという。ということは、人間が〝虫の脳〟に支配される、ということになりかねない。

「陸・海・空、宇宙に加え、サイバースペースまで戦場になるという軍事関係者もいるが、コンピュータと脳がつながったところに悪意が向いた場合、さらに脳があらたな戦場になる、という指摘も存在する。ハッキングすることで人間の脳に侵入し、悪意が人間をコントロールして、戦争を引き起こすという恐ろしい仮説だ」（同書）

以上をひと言でまとめれば、法的にも、倫理的にも、ドローン兵器、人工知能、脳コントロール、すべて野放し――これに尽きる。

ドローン・ウォーズの惨劇をさらに加速するのが、サイバー攻撃だ。ひと言でいえば、敵国のコンピュータへの攻撃である。

「すでに、米国や中国にはサイバー軍がある。れっきとした軍隊である。米国のものは『米国サイバー軍司令部』。目的は、敵対国がしかけてくるサイバー攻撃からの防御と、敵対国のコンピュータ・システムに対する攻撃・破壊・盗聴である」（『前出『無人兵器 最新の能力に驚く本』）

同様のサイバー軍は、ロシア、北朝鮮などにもある。

サイバー攻撃は、敵国のコンピュータに向けられるだけではない。ドローンや殺人ロボットにも向けられる。もし、それら兵器に搭載されている人工知能がハッキングされたら、人工知能は狂う。つまり、発狂したロボット兵器と化す。

もはや敵味方の区別なく、銃やミサイルを乱射する……。誰にも止められない惨劇が待ちかまえている。

映画『ターミネーター』の悪夢が迫っている

さて、ロボット開発に関しては、有名な「ロボット三原則」がある。

これはSF作家、アイザック・アシモフがみずからの小説の中で主張した、ロボットがしたがうべき原則である。ウィル・スミス主演のハリウッド映画、『アイ・ロボット』（二〇〇四年）でもモチーフになり、世界的に定着している。

具体的には、次の三つである。

①安全――ロボットは人間に一切、危害を加えてはいけない
②服従――ロボットは人間の命令に従わなければならない
③防衛――ロボットはみずからを、守らなければならない

ロボット開発の際には、ロボットをコントロールする人工知能にこの三原則を入力して〝学習〟させればよい。

ところが――ここで、重大な自己矛盾が発生する。そもそも、ロボット兵士は、敵を殺傷するために開発されるのだ。それは、ドローン兵器も同じ。「ロボット三原則」第一項に真っ向から違反する。

よって「ロボット三原則」は、無人兵器の規制にはまったく役に立たない。

そもそも、兵器に倫理性を求めることなど自己矛盾なのだ。暴力と殺戮を目的とする兵器じたい、本来存在してはならない。しいていえば、必要悪にすぎない。

にもかかわらず、兵器はいま、猛烈な勢いで〝進化〟している。

AIが人間を超える、二〇四五年の〝特異点〟も迫ってくる。

ブレーキなく暴走する、ドローン兵器と人工知能開発――。

このままでは確実に、映画『ターミネーター』の悪夢は現実のものになるだろう。

その悪夢を食い止めるには、われわれ市民が気づき、発言し、行動する以外に道はない。

それが、本書の結論である。

あとがき

トランプはドローン・ウォーズを阻止できるか？

二〇一七年一月、第四五代米国大統領に就任したドナルド・トランプ。

彼は就任後、即座にTPP（環太平洋戦略的経済連携協定）を離脱。さらに、オバマ・ケアの廃止を宣言した。

TPPもオバマ・ケアも、イルミナティによるグローバリズムの陰謀だった。

TPPには、ISD条項という〝毒薬〟が仕込まれていた。これは、締結国の法規制で米国企業が損失を出した場合、その国に賠償請求できるという理不尽な条項だ。

ユダヤ・マフィアは、別名〝毒素条項〟とも呼ばれるこのISD条項で、締結国の主権を簒奪し、国家を乗っとる計画だった。その策謀を、トランプは叩き潰したのだ。

国民皆保険を偽装したオバマ・ケアも、真の狙いは〝人類家畜化〟にあった。法案に、「二〇一七年までにすべての米国民にマイクロチップを埋め込む」とはっきり書かれている。人類の生殺与奪を掌握する〝悪魔の陰謀〟だったのは間違いない。

米国内では、「マイクロチップ強制は憲法違反だ！」と訴訟ラッシュとなった。しかし最高裁は、なんとそれを合憲とした。一方、トランプの〝入国禁止令〟に対しては、最高裁は即違憲の判決を下した。〝殺人チップ〟は合憲としたのに……。

トランプをヒステリックに攻撃しているマスコミも、マイクロチップ埋め込みについてはいっさい報道しない。それを合憲とする判決にも沈黙したのだ。不可解……というより、**最高裁もマスコミも〝やつら〟の味方で、新大統領の味方ではない**ということだ。

ロックフェラーにかみついたトランプ

米国は、全世界に二〇〇か所以上も軍事基地を配備している。

いうまでもなく、〝やつら〟による〝世界帝国〟建設への布石だ。トランプ政権には、極右《きょくう》や軍人などがゴロゴロいる。彼らは、直情径行《ちょくじょうけいこう》のリーダーを、思いどおりに操ろうとしている。

ドローン・ウォーズも、その〝世界帝国〟建設に向けて仕掛けられる。

「ケムトレイルを止める！」

「ワクチンをやめさせる！」

彼は実際に、こうツイッターで発言している。まさに私の願いそのもの。この男は金髪のゴリラならぬ、人類を救う〝キングコング〟なのかもしれない……と最初は期待した。

「ＨＡＡＲＰも中止だ！」

「抗ガン剤もやめろ！」

私は、その獅子吼《ししく》を待ち望んだ。

「エアフォース・ワンは高すぎる！」

トランプはツイッターで、大統領専用機の値段にもかみついた。

「ボーイング社のエアフォース・ワンは、四〇億ドル（約四五〇〇億円）以上もする。馬鹿げている。発注はキャンセルだ！」

同社は世界最大の、ロックフェラー傘下の航空・軍事会社だ。**この発言は、世界を支配する〝暗黒大王〟にかみつくことと同じ**だ。

しかしトランプは、米国民の血税を浪費することを許さなかった。

もし彼がドローン開発の実態を知ったら、あきれ果てるのではないか。ハチドリ型ドローンは、先述したように一台八〇〇万ドル。「クレイジー！」と目をむく顔が目に浮かぶ。ドローン開発にも「待った！」をかけるのではないか。

北朝鮮やＩＳ（イスラム国）も、戦争を起こすために歴代大統領が行なってきた〝偽旗作戦〟だと気づいたら、真っ赤になって怒るかもしれない。

「国民をだますのもいい加減にしろ！」

彼には、人工知能の潜在的脅威にも目覚めてもらいたい。エアフォース・ワンに怒ったように、机を叩いて怒鳴ってほしいのだ。

「国民のため、まともな税金の使い方をしろ！」

〝一％〟から世界を奪い返せ

「俺が大統領になったら、一％のスーパーリッチから、この国をとり戻してみせる」

トランプの選挙中の公約である。

金髪の巨体が拳を振るって、一％の超支配層に喧嘩《けんか》を売ったのだ。

地球は一％にハイジャックされている。〝かれら〟の所有する富は、残り九九％の合計よりも多い。では、一％のスーパーリッチとは何者か？

それはまぎれもなく、本書で告発してきたフリーメイソン中枢組織、イルミナティそのものだ。具体的には、〝双頭の悪魔〟ことロスチャイルド、ロックフェラー一族だ。さらに、一三支族と名指しされる世界支配の〝王族〟たちだ。

〝かれら〟は、近代における戦争を自由自在に起こしてきた。本書で明らかにしたフリーメイソンの〝黒い教皇〟、アルバート・パイクの予告がすべてを証明する。そして「シオン議定書」

なる戦略にもとづき、世界統一を究極目標としてきた。

その未来像が、国連行動計画〝アジェンダ21〟である。「国家廃絶」「私有財産否定」「全宗教禁止」「職業・居住の自由廃止」「反対運動への厳罰」「子どもの没収」……など、〝かれら〟が目指す未来社会は、恐怖でしかない。

しかし、一％の支配層は、巧妙にこの地球支配の陰謀を進めてきた。それこそが、まさにグローバリズムだ。

その前段階として構想されたのが、世界のブロック支配である。ＥＵ（ヨーロッパ連合）が、それである。ＴＰＰもその一環だ。

「ポピュリスト」は最高のほめ言葉

「アメリカ、ファースト！」

トランプ大統領は叫んだ。これまでのグローバリズムとは真逆だ。

つまり、**地球を支配してきたフリーメイソンの陰謀に待ったをかけた**のだ。

これは、じつに画期的なことだ。地球を好きなように

ドナルド・トランプ
(1946-)
政治家、実業家

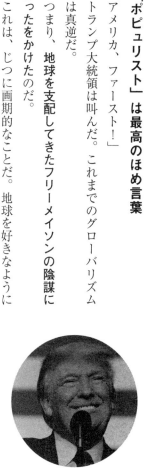

操ってきた〝闇の支配者〟に真っ向から反対する男が、米国の最高権力者になったのだ。

前大統領のバラク・オバマは、〝かれら〟のベルボーイだった。ヒラリー・クリントンは気の強いメイドといったところか。

しかし、ここにいうことを聞かない男が現れた。

〝金髪のゴリラ〟。カネと美女と権力が大好き。じつにわかりやすい。そして、荒っぽいことも事実だ。

しかし、彼は米国大衆の心をとらえた。それも、プア・ホワイト、下層大衆たちだ。

過去四〇年間、米国労働者の賃金は、まったく上がっていない。彼らが営々と働いて築いた富は、いったいどこに消えたのか？

戦争に消えたのである。

朝鮮戦争、ベトナム戦争、イラク戦争……。第二次世界大戦後、米国は毎年、毎年、ひきも切らずに、ひたすら戦争をくり返してきた。

イラク戦争のとき、戦費は邦貨で一〇〇兆円を超えた。国民の税金は、怒濤のごとく戦争へと注ぎ込まれたのだ。軍事マフィアはぼろ儲け、国民は疲弊するばかりだ。

彼はマスコミから、「ポピュリスト」とよく揶揄される。

ポピュリズムは〝大衆迎合主義〟という言葉で、否定的に表現されることが多い。

しかしよい見方をすれば、それは「大衆の声を聞く」という政治姿勢だ。私は、素晴らしいことではないか、と思う。それこそ、民主主義の原点だ。


果たして、戦争を望む大衆がいるだろうか？

戦争で血を流すこと、殺されることを望む大衆がいるだろうか？


誰だって戦争より平和が欲しい。

殺人より幸福が欲しい。

彼はビジネスマンである。すべて損得で判断し、行動し、成功をおさめてきた。

戦争ほど損することはない。国費が失われ、人命が失われ、環境は破壊される。

ただし軍事マフィアだけは、巨大な富を手に入れる。だから、悪魔的な軍産複合体に絡む連中は、今日も戦争の仕込みに余念がない。

二〇一七年三月、北朝鮮は四発のミサイルを一斉発射して国際社会を〝挑発〟した。さっそく、韓国、日本に迎撃ミサイルの〝売り込み〟が行なわれている。

あまりに見え透いたマッチポンプ。〝偽旗作戦〟の典型パターンだ。

「北朝鮮は米国の最友好国」という皮肉を、頭に刻んでおかなくてはならない。

〝絶望〟に負けてはいけない

「米国と無関係の戦争はしない」

トランプの公約は、突然のシリア空爆で見事に裏切られた。「アメリカ・ファースト」も、単なる選挙〝口約〟でしかなかったことが露見した。

そもそもトランプは、かつては空爆反対だった。

二〇一三年、アサド政権が化学兵器を使用した疑いが発覚。オバマ大統領はシリア空爆の構えを示した。

するとトランプは連日、ツイッターで「攻撃するな！」「撤退しろ！」とオバマ政権に強く要求。「米国がシリアを攻撃し、誤って市民を殺害したら、世界は地獄になる」「借金や長期の衝突以外、何も得られない」と、真っ向から反対していた。

なのに……大統領になるや、態度はまさに豹変。つまり**この大男には、首尾一貫した考えなどみじんもない**。そのとき、そのときの気分で発言と行動が変わる。

「シリア攻撃は、国連憲章が禁止している一方的なものだ。軍事行動は国連憲章に従い、安保理によって承認されなければならない」

南米ボリビアのヨレンティ国連大使は、米国の妄動を痛烈に批判する。

「これは、深刻な国際法違反だ！」

シリアによる空爆からわずか数日後に、五九発ものトマホークを叩き込んだ拙速さも批判されている。アサド政権が化学兵器を使用した明白な根拠、証拠はないのだ。

かつて米国は、「サダム・フセインは大量破壊兵器を隠している」という理由でイラク戦争を仕掛けた。しかし、のちにでっち上げだったことが判明している。シリアの化学兵器うんぬんも、〝偽旗作戦〟の臭いが紛々《ふんぷん》とする。

「トランプ政権は、軍産複合体に乗っとられた！」

こう指摘する声は多い。〝金髪のゴリラ〟はいま、〝金髪のヒトラー〟に変身しようとしているのだ。私はトランプに「目を覚ませ！」といいたい。

ユダヤ・マフィアが、北朝鮮を〝アジアのイスラエル〟として温存してきたのは、第三次大戦の引き金とするためだ。いまその〝火薬庫〟に火が放たれようとしている。今度の戦争は、地球の裏側ではない。**われわれのすぐ目の前で火を吹こうとしている。**

一度、暴発した戦争を止めることは、ほとんど不可能に近い。

さらに、悲劇と惨禍をもたらすのが無人兵器ドローンの投入だ。殺戮の意志を持った銀色のドローンが、あなたの前に立ちふさがる。

そんな光景も、もはや未来の話ではない。現実に、眼前に起こりうるのだ。

だが……われわれは無力感にとらわれてはならない。

米大統領予備選で「サンダース現象」を巻き起こした、バーニー・サンダースのメッセージがよみがえる。

「企業の資金力には負ける。大富豪には勝てない。あきらめるしかない。そう思ってしまったら、まさに〝かれら〟の思うつぼである。みなさんに全力でお願いする。どうかそんな絶望に負けないでほしい」

七五歳という高齢でありながら、聴衆に熱く訴える、真摯《しんし》な表情がありありと目に浮かぶ。

私も彼に励まされ、世界の軍事マフィアにひと言いいたい。

「〝高価なオモチャ〟をつくるのは、もう止《や》めろッ！」

船瀬俊介《ふなせしゅんすけ》

おもな参考文献

『沈みゆく大国アメリカ』堤未果(集英社)
『政府はもう嘘をつけない』堤未果(KADOKAWA)
『暴露 スノーデンが私に託したファイル』グレン・グリーンウォルド著、田口俊樹ほか訳(新潮社)
『ショック・ドクトリン』上巻 ナオミ・クライン著、幾島幸子、村上由見子訳(岩波書店)
『エコノミック・ヒットマン』ジョン・パーキンス著、古草秀子訳(東洋経済新報社)
『無人暗殺機ドローンの誕生』リチャード・ウィッテル著、赤根洋子訳(文藝春秋)
『デジタルは人間を奪うのか』小川和也(講談社)
『人間改造の生理』ウィリアム・サーガント、佐藤俊男(みすず書房)
『米軍完全装備CATALOG 特殊部隊編』松原隆(ワールドフォトプレス)
『最強! 世界の未来兵器』大久保義信ほか(学研パブリッシング)
『最先端未来兵器完全ファイル』竹内修(笠倉出版社)
『無人兵器 最新の能力に驚く本』白鳥敬(河出書房新社)
『本当にあった! 特殊兵器大図鑑』横山雅司(彩図社)
『兵器のギモン100』白石光ほか(学研パブリッシング)
『第二次世界大戦の兵器・武器』博学こだわり倶楽部(河出書房新社)
『気象兵器・地震兵器・HAARP・ケムトレイル』ジェリー・E・スミス著、ベンジャミン・フルフォード監訳(成甲書房)

『真のユダヤ史』ユースタス・マリンズ著、天童竺丸訳（成甲書房）
『新聞とユダヤ人』武田誠吾（ともはつよし社）
『日米不平等の源流』琉球新報社地位協定取材班（高文研）
『世界の諜報機関FILE』国際情報研究倶楽部（学研パブリッシング）
『図解 世界史が簡単にわかる戦争の地図帳』造事務所（三笠書房）
『眠れないほど面白い「秘密結社」の謎』並木伸一郎（三笠書房）
『99％の人が知らないこの世界の秘密』内海聡（イースト・プレス）
『ニコラ・テスラ 秘密の告白』ニコラ・テスラ著、宮本寿代訳（成甲書房）
『ハイジャックされた地球を99％の人が知らない』上・下巻　デーヴィッド・アイク著、本多繁邦訳（ヒカルランド）
『闇の超世界権力 スカル＆ボーンズ』クリス・ミレガン、アントニー・サットン著、北田浩一訳（徳間書店）
『ナチスとNASAの超科学』ジム・キース著、林陽訳（徳間書店）
『インフルエンザをばら撒く人々』菊川征司（徳間書店）
『マスコミとお金は人の幸せをこうして食べている』THINKER（徳間書店）
『恐怖の洗脳ファイル』（ダイアプレス）
『日本洗脳計画』（ダイアプレス）
『フリーメーソン・イルミナティの洗脳魔術体系』テックス・マーズ著、宮城ジョージ訳（ヒカルランド）
『原爆と秘密結社』デイビッド・J・ディオニシ著、平和教育協会訳（成甲書房）
『カナンの呪い』ユースタス・マリンズ著、天童竺丸訳（成甲書房）

『ロックフェラー回顧録』下巻　デイヴィッド・ロックフェラー著、楡井浩一訳（新潮社）
『日本史のタブーに挑んだ男』松重楊江著（たま出版）
『ユダヤの人々』安江仙弘（ともはつよし社）
『民間が所有する中央銀行』ユースタス・マリンズ著、林伍平訳（秀麗社）
『フリーメーソンの秘密』赤間剛（三一書房）
『永遠の革命家　太田龍・追憶集』太田龍記念会（柏艪舎）
『税金を払わない巨大企業』富岡幸雄（文藝春秋）
『告発！　検察「裏ガネ作り」』三井環（光文社）
『闇の支配者に握り潰された世界を救う技術』ベンジャミン・フルフォード（イースト・プレス）
『闇の支配者に握り潰された世界を救う技術〈現代編〉』ベンジャミン・フルフォード（イースト・プレス）
『クライシスアクターでわかった歴史／事件を自ら作ってしまう人々』ベンジャミン・フルフォード（ヒカルランド）
『図解「闇の支配者」頂上決戦』ベンジャミン・フルフォード（扶桑社）
『パリ八百長テロと米国1％の対日謀略』リチャード・コシミズ（成甲書房）
『続・世界の闇を語る父と子の会話集』リチャード・コシミズ（リチャード・コシミズ）
『日本も世界もマスコミはウソが9割』リチャード・コシミズ、ベンジャミン・フルフォード（成甲書房）
『サイキック・ドライビング〈催眠的操作〉の中のNIPPON』船瀬俊介、ベンジャミン・フルフォードほか（ヒカルランド）
『戦争は奴らが作っている！』船瀬俊介、ベンジャミン・フルフォード、宮城ジョージ（ヒカルランド）

『嘘だらけ現代世界』船瀬俊介、ベンジャミン・フルフォード、宮城ジョージ（ヒカルランド）
『天皇は朝鮮から来た!?』奇埈成（ヒカルランド）
『死のマイクロチップ』船瀬俊介（イースト・プレス）
『ワクチンの罠』船瀬俊介（イースト・プレス）
『新・知ってはいけない!?』船瀬俊介（徳間書店）
『続 あぶない電磁波！』／船瀬俊介（三一書房）

ドローン・ウォーズ

〝やつら〟は静《しず》かにやってくる

2017年5月29日　第1刷発行

著　者　船瀬俊介《ふなせしゅんすけ》

編　集　石井晶穂
発行人　北畠夏影
発行所　株式会社イースト・プレス
〒101-0051
東京都千代田区神田神保町2-4-7久月神田ビル
TEL:03-5213-4700　FAX:03-5213-4701
http://www.eastpress.co.jp
印刷所　中央精版印刷株式会社

ISBN 978-4-7816-1539-4